专注的真相

李笑来 著

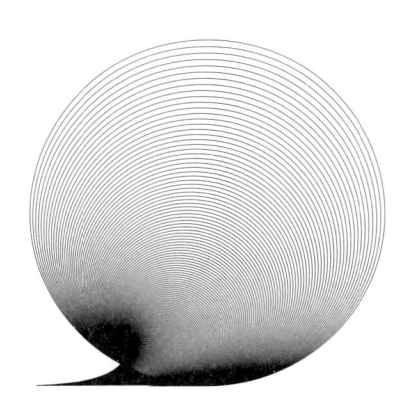

广东经济出版社
·广州·

果麦文化 出品

注意时长极长，
甚至能够长期持续专注的人，
无论做什么，
都从根基上具备更强的竞争力。

前言

时间的"形状",你可以理解为一根越来越粗的管道;每时每刻所对应的管道直径,本质就是效率(参阅《财富的真相》)。

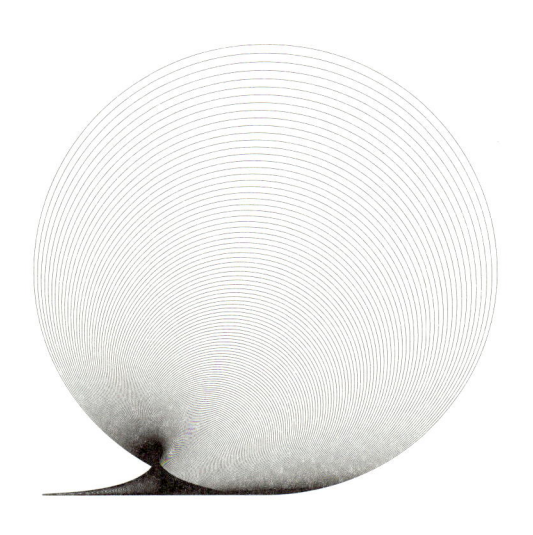

效率的前提是做事。不做事，效率就无从谈起。如果选错了方式做错了事，那么效率越高，效果越差。所以，用正确的方式做正确的事情，才是时间管理的核心（参阅《把时间当作朋友》）。

选择正确的方式，开始做正确的事情，效率就会自动出现吗？答案谁都知道：不一定。那么我们应该如何提高效率呢？这方面有无数的书籍，无数的专家，无数的建议，无数的方法论，都很不错，并有一定作用。

然而，人们遇到的最大苦恼，其实是无法做到专注。

专注的程度和质量，对效果、成绩甚至成就的影响最大。谁不想要专注呢？谁又不知道专注的好处呢？

就让我们从一个相当"惊悚"的事实讲起。看过一连串越来越惊悚的事实后，我们再进一步仔细研究专注的真相。

目录

1 多巴胺不是什么快乐物质　　　　1
2 极易被劫持的多巴胺能系统　　　8
3 更便宜更隐蔽更普及的毒　　　　14
4 多巴胺能系统被劫持的恶果　　　20
5 家里有婴幼儿的应该扔掉电视　　25
6 不知不觉失去的都是什么　　　　30
7 最具价值的稀缺资源是什么　　　38
8 不可抗拒的诱惑来自哪里　　　　45
9 恐惧也是有效的防御　　　　　　52
10 一定要重视文字、善用文字　　 58
11 为自己洗脑也不是不可以　　　 65
12 都不是超人却有可能过人　　　 73
13 用来做这个就不能做那个　　　 80
14 冥想不一定最有效最普适　　　 89
15 顺序决定质量　　　　　　　　 96
16 顺序决定质量的另一例子　　　103
17 值不值的终极判断标准　　　　110

总结　　　　　　　　　　　　119

1
多巴胺不是什么快乐物质

人类的文明，其实建立在大脑内部，而不是外部。人类文明实际上建立在大脑皮层（即前额叶皮层）之上，至于我们所见外部世界的一切人类创造物，都只是它们的展现方式而已。人类文明真正的起点和终点、真正的用处和效益，本质上都发生在人类的大脑中。

从这个角度望过去，作为人类，我们穷尽一生，一切有意义的作为都不过是在建设自己的大脑皮层。那么，动力从何而来？你当然可以用"理想""梦想"来描述它，然而，从脑科学家的角度望过去，我们的动力来源，却是跟理想、梦想全无关系的物理器官之间的化学物质，以及它们之间的化学反应——多巴胺能系统。

多巴胺是一种看起来非常简单的化学物质，很难想象，它在人类建设文明的过程中扮演着重要甚至不可或缺的角色。

人类大脑中大约只有二十万分之一的脑细胞，会分泌多巴胺及与它相关的一些化学物质，包括内啡肽、催产素、血清素等，它们共同构成多巴胺能系统中最重要的化学物质。这些脑细胞集中在中脑黑质区（Substantia nigra，SN）和中脑腹侧被盖区（Ventral tegmental area，VTA），这两个区域都是我们大脑内部的物理器官。这些物理器官分泌的化学物质，以及它们之间的化学反应，被称作多巴胺能系统——正是这个系统对运动行为的调节作用促成了人类所谓的动机，进而引发复杂的感受、思考，甚至重大的决策。

20世纪50年代末，多巴胺这种物质刚被发现的时候，曾被科学家们错误地认为发现了一种快乐物质。因为当那些大脑里装了电极的小老鼠受到轻微电流刺激时，它们大脑中的这类物质就开始分泌，导致小老鼠看上去很爽，进而渴求更多的刺激，以致对其他活动都失去了兴趣，甚至都懒得交配，不吃不喝地一直爽，最后

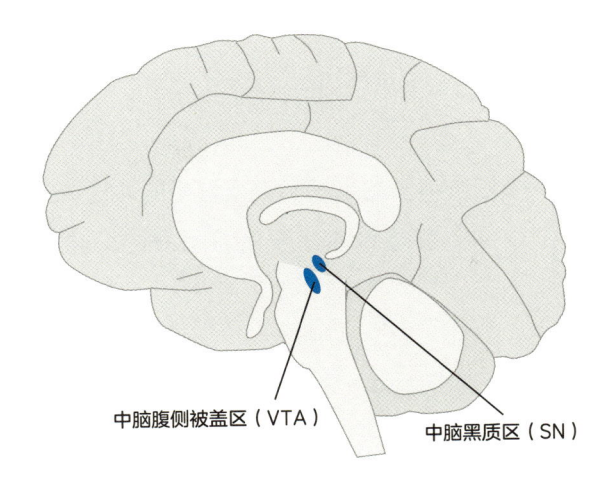

中脑腹侧被盖区（VTA） 中脑黑质区（SN）

筋疲力尽而死——看上去，它们像是"爽"死的[1]。

六十多年后的今天，大众媒体依然习惯将多巴胺、内啡肽、催产素、血清素等物质一并称为快乐物质。说实话，这也怪不得大众媒体，因为其本职工作就是"贩卖二手知识"。

我们没可能在短短几十分钟内把自己变成脑科学家，所以，我将在这里用最简单的说法解释关于多巴胺的几个重要事实，以及多巴胺失调症的起因与解决

---

[1] 实际上这是一次实验上的意外事件，装电极的社会心理学家误打误撞地把电极装在了老鼠的"爽点"上。

方案。

第一个事实是：

> 多巴胺引发的是想要满足欲望的冲动——至于快感，那是其他化学物质引发的，与多巴胺无关。

第二个事实是：

> 导致多巴胺分泌（或者大量分泌）的原因是，对上一次愉悦的预测误差的记忆。

这里稍作解释。我们的大脑时时刻刻都在对未来将要发生的事情做着预测，当一个"预测误差"（"误差"是预测之外可能存在的奖赏，如好消息或更好之事的发生）发生时，我们的注意力会不由自主地被吸引；如果这个误差是愉悦的，大脑就会记住这一愉悦的误差，以后遇到类似局面时，就会产生对这种愉悦的期待。

所以，引发多巴胺分泌的，不完全是所谓的欲望——这是大众媒体里广为流传的高级误解。比如你饿了，就会产生吃饭的欲望，但这种欲望并不会刺激多巴胺分泌，因为"到点吃饭""吃饱不饿"无论如何都无法产生"愉悦的预测误差"。

换言之，直接刺激多巴胺分泌的，其实是"惊喜的可能"。

英文中有个公认的优美词汇是"Serendipity"，可译作"意外的好运"。德语中有个独特词汇是"Vorfreude"，意思是"对快乐的期待"。关于多巴胺的机制，可以这样表述：

> 多巴胺是由"对惊喜的记忆"触发的。进而，"对惊喜的期待"会引发一定的冲动（或称欲望）。

欲望是多巴胺分泌的结果，而不是多巴胺分泌的原因。在前文提及的著名实验里，那些大脑里被插入电极的老鼠即便不吃不喝，也要不停地按下按钮。最后导致它们累死的，并不是快感，而是那个电极恰好直接触发了多巴胺分泌，进而让老鼠产生冲动，以致它们只能不停地按，顾不得其他事情。

由冲动产生的欲望被满足，都会产生快感。但快感不是多巴胺的效果——多巴胺产生的是欲望，欲望获得满足后的快感与多巴胺无关。后来，研究人员才发现，快感是由另外三种化学物质——内啡肽、催产素、血清素共同导致的。至于多巴胺，我们可以称之为引发冲动的物质，总之称其为"快乐物质"错得离谱。

冲动产生的欲望被满足之后所产生的快感，存在两个问题：

- 快感消失得越来越快，即持续时间越来越短；
- 体验（即爽感）递减，直至归零。

所以，老鼠第一次按下按钮时最爽，但随着它们不停地按下按钮，不停对相同区域进行电击，它们获得的爽感不仅消失得快，还消失得越来越快，程度也不断降低，直至为零。老鼠是不是爽死的？几十年后的今天，答案很清楚了，它们不是爽死的，而是累死的——它们的多巴胺能系统被劫持了。原本，快感减少的同时，多巴胺的分泌也应该相对受到抑制，可外界却提供了一个直接执行冲动，并有瞬间满足欲望的可能性，于是它们不断按下那个按钮。

小老鼠当然不知道，按钮引发的电击会快速放大它们的冲动和欲望——那只不过是一种物理器官分泌的化学物质之间的化学反应而已——即便是在快感已经逐步消失的情况下。

  这个实验其实非常残忍,因为老鼠在最终被累死前的相当长一段时间里,不仅不爽,还一直处于烦躁不安的状态。

2

极易被劫持的多巴胺能系统

多巴胺的机制原本非常精巧：它只对"对愉悦的预测误差的期待"产生反应。不仅仅是"愉悦"或"期待"，也不仅仅是"预测"或"预测误差"，还得是"Vorfreude for Serendipity（对惊喜的期待）"。

人类的探索和进步都和多巴胺有关。向外部延展，若是没有多巴胺那精巧的机制，人类就不会从采集浆果进步到狩猎，不会发展出农业、工业，更不可能有今天的信息产业；人类也不会发现什么新大陆，更不可能探索外太空。向内部深入，没有多巴胺那精巧的机制，人类连最基本的好奇心都不会有，什么冲动、欲望、动机，以及更高级的憧憬、向往、理想、追求等，都无从谈起。

遗憾的是，越精巧的系统越脆弱、越容易出错。

多巴胺能系统也很脆弱，也很容易出错，甚至很容易被劫持。

不要以为我们的境遇比小老鼠强多少。大自然也专为我们设计了实验，正如研究人员为小老鼠设计的实验一样。

对人类来说，最古老的"多巴胺能系统劫持实验"就是毒品。不要以为毒品是现代社会的问题，也不要以为是从鸦片战争开始，即近代社会以来才有的问题。毒品的历史可能比人类拥有文字的历史更悠久。

早在新石器时代，人类就在小亚细亚及地中海东部山区发现了野生罂粟。最早的罂粟种植活动发生在美索不达米亚，由苏美尔人进行，他们将该植物称为"欢乐植物"。埃及人在数千年前种植罂粟，由腓尼基人和克里特人建立的罂粟贸易路线延伸到地中海周围的目的地，包括希腊、迦太基和欧洲。除了罂粟，很多菌类（蘑菇）也有致幻作用，一些生物的表皮上也有相当于今天我们所说的毒品的致幻物质。亚马逊雨林的原住民有着在外人看来诡异的喜好，他们会抓一只蛤蟆，然后蹲在那儿舔啊舔——他们是在吸食天然毒品。到了现代，化学知识普及，各种各样的化学物质既容易获得，又便宜，导致毒品在全世界泛滥。

毒品之于人类大脑，就和电极之于小老鼠一样，只不过这个"电极"的刺激更大，能瞬间炸毁整个多巴胺能系统原有的工作机制。又由于多巴胺及其他化学物质仍照常分泌，于是它们之间的化学反应以及相互作用的机制能被重建，但新建的机制与原有的机制完全不同，以致这个人在那一瞬间，就彻头彻尾地变成了另一个人。

很多纪录片里的落网毒贩（常常也是瘾君子）被判决时，他们的母亲悲恸欲绝，流着泪说着同样的话："他原来不是这样的……"那些母亲没有说谎，瘾君子在第一次吸毒之前和之后，的确不是同一个人。多巴胺能系统变了，人也就跟着变了；多巴胺能系统重建了，人也就彻头彻尾变成了另一个人。

简单来说，产生多巴胺、内啡肽、催产素、血清素这一系列化学物质的物理器官，主要是黑质和腹侧被盖区，即前文所说的占脑细胞不到二十万分之一的部分。这些化学物质分泌出来后，主要有两个回路：

- "欲望回路"，即激发兴奋和热情的回路，在"腹侧被盖区"和"伏隔核"之间。

- "控制回路",即负责逻辑思维的回路,在"前额叶皮层"与"腹侧被盖区"之间。

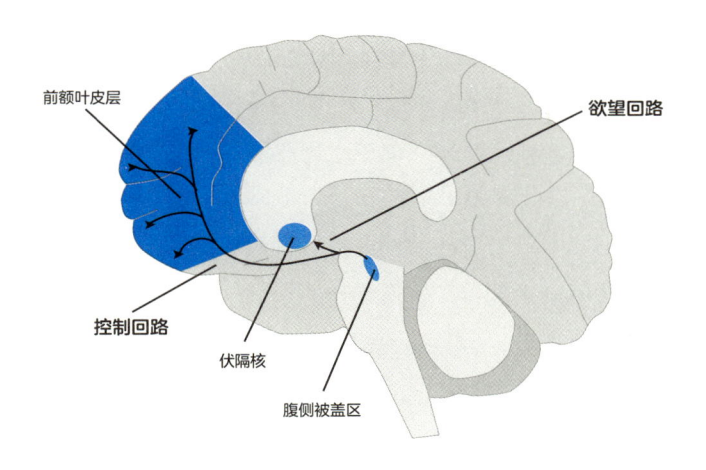

前额叶皮层　　　　　　　　　　欲望回路

控制回路
伏隔核
腹侧被盖区

　　毒品瞬间"炸毁"的,主要是控制回路。起初,毒品确实把两个回路都"炸毁"了,让一个发展多年的大脑一夜之间回到出生时的状态。由于毒品的刺激是那样巨大,于是欲望回路被迅速重建——这个回路距离更短,对大脑来说,重建起来更简单,也更快。还是由于毒品的刺激是那样巨大,大脑完全不可能重建控制回路。又由于大脑具备很强的可塑性,于是它又快又简单地完成了"自以为重建好了,但实则残缺的工作"。于是,多巴胺能系统变成了另一个样子,你可以想象一架双轮马车突然没了车夫,还只剩下一个轮子。

多巴胺能系统被毒品如此简单迅速地劫持后,人的价值观就完全不一样了。所谓价值观,没那么复杂,就是"什么更重要"。对瘾君子来说,没有什么比毒品更重要,工作、家庭、友情、金钱,都得往后排。更微妙的是,多巴胺能系统再也不可能像原先那么精巧,它不再只对"对愉悦的预测误差的期待"产生反应,它与毒品之间构建起了几乎是唯一的紧密联系,它只想要更多毒品。随后,大脑开始相信一切情绪的解决方案都是毒品,高兴、沮丧、紧张、放松、恼火、疲惫、亢奋、无奈……都只能靠毒品解决。

不论种类,毒品对多巴胺能系统都具有同样的毁灭性。从多巴胺能系统的角度望过去,戒毒是不可能的。没有任何手段,能把被毒品摧毁的多巴胺能系统恢复到原初的状态,过去没有,现在没有,将来也不大可能有——除非我们能像对电脑那样,时刻备份大脑状态,然后随时"一键复原"。

毒品绝对不能碰。这是所有父母都要想尽一切办法做好的家庭教育。父母要了解个中原理,也要想办法讲明白原理,并且要反复向孩子灌输,重复多少次都不过分。吸食过毒品的人都要远离,因为压根儿就没有"戒毒成功"这一说。不仅是吸毒者,嗜赌者和酗酒者也是一样,通通都要远离。没有例外,没有余地。

3
更便宜更隐蔽更普及的毒

人类历史上，能劫持多巴胺能系统的东西绝不只有毒品，另外两个常见的是赌博和色情。除此之外，更"日常"的烟酒糖茶，也是劫持多巴胺能系统的东西。我还能举出更多例子，比如购物癖、窃物癖、电子游戏，甚至直播打赏等，凡是对人无益又容易上瘾的东西，本质上都是因为它们可以轻松劫持多巴胺能系统。劫持的方式也一样：加强欲望回路，削弱控制回路，甚至让控制回路失效或者直接消失。

若非深入探究，恐怕没有人会认为"永远在线"也是一种"毒"。可实际上，它对多巴胺能系统的劫持，从程度上来看绝不亚于毒品，从广度上来看早已远超毒品。

移动互联网兴起得极快。2010 年初，国际电信联盟曾表示，五年内移动互联网的用户会多于传统互联网用户。到 2014 年 1 月，美国的移动互联网用户数量已超过传统互联网用户。2010 年 3 月，小米公司成立，赶上了移动互联网起步的风口。到 2022 年，中国移动互联网用户规模突破 12 亿大关——要知道，根据 2022 年民政部的数据，2022 年末全国人口约 14.11 亿。从 2013 年中国正式进入 4G 时代起，流量的价格就越来越低，从最初大家想尽办法"蹭 Wi-Fi"，到再也没人在意手机流量的价格，不过几年而已。

突然之间，人类长出了一个"器官"——手机。一个有着约 100 平方厘米屏幕的移动智能设备"永远在线"，把每个人和世界——不管是真实的还是虚幻的——连接起来。至少是在"感觉上"连接了起来。

人们发现，自己几乎再也不会丢手机了。非智能手机时代可不是这样，那时候虽然手机更贵，但丢手机远比现在常见。现在，永远在线的智能手机几乎不可能丢，因为你几乎时时刻刻都拿着手机，或者正在查看手机。

根据加州大学格洛丽亚·马克教授的研究，一个人面对同一块屏幕的平均专注时长，2004 年时是 2.5 分钟，2012 年降低到 75 秒，2023 年是 47 秒。我们取高于平均数的 2 分钟作为专注时长,按照每人每天清醒时间 16 小时计,姑且忽略手机以外的其他屏显设备,这就相当于我们每天要点亮近 500 次手机屏幕!

人类的大脑有神奇的内化能力:无论是什么,只要你用得足够多、足够久,大脑就会把它"理解为"或"等同于"身体的"器官"。至于你用得少的器官,即便长在你身上,大脑也可以对它们不闻不顾。这就是为什么画家手里的笔、足球运动员脚下的球,对他们的大脑来说更像真实的器官。普通人也有类似的体验,比如一辆车开上一段时间,那方向盘就会被大脑"内化"为你的一个器官,操控起来得心应手。

手机,这个永远在线的设备,对我们的大脑来说,早就是我们的器官了。你有可能把一个器官弄丢吗?很难。

从手机用户的视角来看,"永远在线"触发了一种人类固有的焦虑:害怕错失机会(Fear of missing opportunity,简称"FOMO")。永远在线,就不错过任何机会,多巴胺能系统就这样被轻易劫持了。FOMO 如此强大,又如此隐蔽,以致人们会不知不觉拿起手机,在不知道"这有什么危害",也压根儿没想过"应该怎样防范"的情况下,做一番 99.9% 并不产生真正收获的查看。

"永远在线"之所以触发 FOMO，根源在于一个思维漏洞：

> 误以为"更新的"是"更重要的"。

事实上，这个判断偶尔正确，但在绝大多数情况下，这个判断是错误的，甚至谬以千里。越年轻的人受它的影响越大。人过了五十岁，多少能够反应过来：这半辈子看到的绝大多数新闻，实际上都跟自己没啥大关系——除了浪费宝贵的时间和精力。问题是，没有谁能在年轻时就对这个事实如此笃定。

从外部看，人们"永远在线"的局面使一个新兴市场繁荣起来，叫"注意力经济"（Attention Economy）。把大量人的注意力集中到一起，就能赚到大规模的金钱。这虽然不是什么新鲜事，但移动互联网造就的极致规模确实前所未见。于是，各路人马出动，挤入这一前所未见的巨量市场，游戏平台、弱关系社交网络、强关系社交网络、新闻聚合平台、视频平台、短视频平台、直播平台……纷纷横空出世，力争在那不到 100 平方厘米的屏幕上占据一个图标的位置。

衡量移动互联网产品人气的指标,不再只是传统的用户数量,另一个指标更重要:用户人均使用时长。QuestMobile 的数据显示,截至 2023 年 12 月,移动互联网的用户人均月使用时长为 165.9 小时。可以预见的是,未来人们的使用时长还会持续增加;不出意外的话,年轻人(也就是我们的下一代)在这些应用上耗费的时间不仅更长,还长得多。

由此产生的经济效益,显然不属于那些用户——他们除免费付出注意力外,没有其他收益,赚到钱的肯定是别人。让我们看一组数据(金额单位:亿元人民币):

媒介行业	2021 年	2022 年	2023 年
电商类广告	3045.8	3279.8	4123.3
短视频	1087.3	1128.7	1143.4
在线视频	281.7	212.5	271.6
社交广告	864.6	896.3	843.2
泛资讯广告	1087.3	969.3	678.9
其他广告	1087.3	152.6	85.7
合计	6550.1	6639.2	7146.1

这肯定不是什么平等的交换或公平的生意,因为用户处于多巴胺能系统被劫持的状态。但凡预先知道了原理及后果,不大可能会有人心甘情愿地、无偿地贡献自己的注意力。

游戏公司,正在研究如何设计进阶系统从而让用户欲罢不能;媒体,正在更多地报道坏消息以刺激点击率和点击量;各种平台,都加上了社交属性,并根据用户行为调整相应的算法,以确保用户看到的是自己喜闻乐见的。私下里,那些产品设计者都懒得伪装,他们不把自己的工作叫"设计",而是用一个更露骨的词形容——"挖坑":

> 我们今天挖了个大坑!绝对是万人坑!深不见底!这个月的奖金就靠它了!

—— 我没有胡编乱造,也不是道听途说。我见过他们,听过他们怎么说话,知道他们怎么做事、怎么想事、有多兴高采烈。

4
多巴胺能系统被劫持的恶果

一切不良的成瘾行为，本质上都是多巴胺能系统被劫持的结果。多巴胺能系统如果长时间被劫持，进而引发的多巴胺失调及其产生的，将不仅仅是心理变化，更是不可逆的生理变化。这个格外严峻的事实，大多数人想轻了、想浅了，甚至干脆没当回事。

多巴胺分泌失调引发的大脑损伤，不仅仅是心理或者精神层面的东西，更是器质性的损伤，跟肢体残损或者瘫痪没区别，甚至更严重，因为大脑是你的中枢器官。中枢坏了，四肢健全又如何呢？

这些器质性损伤包括但不限于：

- 白质组织不良
- 灰质体积萎缩

- 大脑皮层厚度减少
- 认知功能区域受损

大脑是一个内部器官，我们看不见摸不着，无法直观观察。大脑要是"受伤"了，我们通常甚至无法感知，它跟骨折不一样，你不会一身冷汗，不会疼到昏厥，不会惊慌失措不知道如何应对。

所以，不能把成瘾行为仅仅当作一个"坏习惯"，它是"重症"，甚至是"绝症"——虽然大脑具有可塑性，但过了一定程度，就是不可逆的，只不过绝大多数对此一无所知的人分辨不出差异而已。

想想就知道，哪个多巴胺能系统被劫持的人，会觉得自己"残疾"呢？能吃能睡能说话，不疼不痒不难受，怎么可能是生病了？与此同时，他们用自己不知道已经发生了结构变化的大脑，或者更确切地说是结构损伤的大脑，去感知周遭的世界，进而引发了精神层面和心理层面上的种种扭曲。

我们之前提到，多巴胺能系统被劫持，不是随着最近几年短视频平台的出现才有的。历史上，电视的崛起、数字媒体的崛起、社交网络的崛起、短视频平台的崛起，带来的是一浪高过一浪的多巴胺能系统劫持潮。

它们可怕的地方在于比黄赌毒更加隐蔽，人们对其的认知更加肤浅甚至干脆无知，因而全无防备。

受害者也包括更容易被影响的儿童和青少年，以及广大中老年群体。你只要稍微留意你家的亲戚群，看看老人整天在看什么，转发什么，就能知道个大概。如果你之前没听说过，不妨到网上搜搜，有不少堪称"中老年女性杀手"和"中老年男性杀手"的网红在活跃着。

我们继续来看一组数据。目前，ADHD（即多动症，一种注意力缺陷病症）患者在人群中的占比不断提高。根据美国的国家儿童健康调查（NSCH）数据，被诊断为多动症的儿童比例从 2003 年的近 8% 上升到了 2011 年的 11%，时间段刚好对应"互联网崛起"和"移动互联网崛起"。这意味着，ADHD 病例平均每年的增幅是 5%。

ADHD、抑郁症甚至帕金森综合征这类疾病，从大脑的角度看都有同样的一个特征，或者说根源，即"注意力功能受损"或者"注意力功能缺失"。心理学家现在用注意时长（Attention Span，也译作"注意广度"）来衡量一个人集中注意力的能力。

更可怕的是日益增加的、永远在线的屏幕。我自己有一大一小两台苹果手机，家里还有一台用作遥控器和门卡的安卓手机，一台 iPad，一台苹果笔记本电脑，两台苹果台式机，其中一台台式机还接了两块显示器，客厅、卧室、工作室各有一台大屏幕索尼电视，这就总计 11 块屏幕了。如果出门，我那辆特斯拉电动汽车的中控还是个大屏幕。

这自然不是特例，今天绝大多数人都如此。不知不觉间，我们面对的屏幕数量增加了几倍，甚至是十倍以上。

更严峻的是未成年人正在面临和经历的情况——全球都一样。别看短视频平台是从中国崛起的，可实际上中国是目前全球唯一立法限制未成年人屏幕使用时间的国家。继 2021 年中国立法限制未成年人的屏幕使用时间后，2023 年 8 月 2 日，中国再次发布《移动互联网未成年模式建设指南（征求意见稿）》，多少引起了全球知识界的广泛羡慕[1]。

连成年人的多巴胺能系统都很容易被永远在线的设备劫持，那未成年人的呢？他们的甚至不用被劫持，因为大脑皮层（前额叶皮层）压根儿就没发育完整，

---

[1] 据 MIT 科技要闻回顾的报道：https://www.technolgyreview.com/2023/08/09/1077567/china-children-screen-time-regulation/

于是那些永远在线的设备甚至无须"炸毁"控制回路，直接接管欲望回路就行，然后抑制控制回路的发展。

成年人多巴胺能系统被劫持的结果是器质性损伤，相当于物理设备损坏。对未成年人来说，"器质性损伤"这个词无法准确描述。因为"损伤"的前提是"完好"，而未成年人的多巴胺能系统被劫持，相当于一栋楼还没建成就被破坏了，甚至从打地基时开始就被破坏了，还是在不知不觉中坏得彻底那种。虽然身体还在成长，大脑却早就成了"烂尾楼"，和先天残疾没多大区别。

还记得实验室里累死的小老鼠吗？多巴胺能系统被劫持的人跟它们一样，"爽感"刚开始还算强烈，但很快就逐步递减直至归零。做了并不爽，不做就得难受死。所谓的"爽"，逐渐沦为"摆脱难受的瞬间解脱"而已。

5
家里有婴幼儿的应该扔掉电视

相比智能手机和平板电脑，电视实际上是更大、更狠、更隐蔽的敌人。

即便在智能手机时代，电视依然是家庭中最普遍、耗时最多的屏幕。2017年的一项调查发现，42%的美国家庭总是开着或者大部分时间都开着电视。到2020年，这个比例提高到了64%。即便电视的作用越来越多被当做背景声或者背景画面，但调查研究表明，这并不削弱它对大脑的实际影响。

如果家里有成长中的小朋友，那么，我认为把电视消灭掉是极其划算的。如果舍不得那台电视，那么将来给孩子报再贵的辅导班，上再贵的国际学校，事实上都没用。电视真的"降智"，且潜移默化地持续"降智"。

有个典型的案例。20世纪末，欧美国家曾流行各种号称寓教于乐的幼儿教育节目，如美国的《爱因斯坦宝贝》《莫扎特宝贝》《伽利略宝贝》《莎士比亚宝贝》，英国的《天线宝贝》等，风靡一时。其中《爱因斯坦宝贝》获奖无数，巅峰时期这个节目出现在三分之一以上有两岁以下儿童的美国家庭之中。2001年，这家公司被迪士尼高价收购。

2007年，《儿科》杂志发表了一篇论文。研究人员召集了一千多名两岁以下婴幼儿的家长，对他们的孩子的观看习惯进行了调查，并做了一个简短版本的语言测试，旨在评估儿童的早期语言能力。数据显示，婴幼儿每天观看1小时视频内容，语言习得能力就会显著下降，越小的孩子受影响越明显。也就是说，看这类幼儿教育节目的孩子，学习语言的能力不仅没提升，反而有证据表明他们落后了。

这篇论文引发了热议。2007年8月出版的《时代》杂志激烈批评了《爱因斯坦宝贝》及类似的节目，最终，迫于压力，迪士尼史无前例地提出为家长们购买的DVD退款。

节目制作方和家长都误解了一件事，以为幼儿目不转睛地盯着屏幕意味着他们正在全神贯注地学习。对某事极感兴趣和全神贯注，本身并不保证学习和学习效果。这很好理解，沉迷游戏或者赌博，就是在兴致盎然、全神贯注地做一件百害而无一利的事情。

面对屏幕，婴幼儿倒确实是全神贯注的，因为不断变化的"光"和鲜艳绚丽的"彩"是所有视觉动物共同喜欢的。明亮跳动的光影、绚丽的色彩、不停变动的画面和夸张、梦幻的声音，的确同时占据了幼儿多个输入器官（眼和耳），但在他们的大脑中，有意义的学习并未发生。注意力全被占据了，大脑却不仅没有发展，反倒因此受损。

婴幼儿在相当长一段时间里，无法理解在二维平面里展示的三维世界。如果你有与两三岁孩子视频通话的经验就知道，他们会反复绕到大人举着的手机后面去找屏幕里的人，哪怕大人已经对他们解释过若干次。他们缺乏将屏幕上的信息转化为对自己所在的现实世界有意义的知识和认知技能的能力。

我们家孩子成长的环境里，压根儿就没有电视。我个人比较容易做到这点，因为从 1986 年以后我就再没看过春节联欢晚会，后来所有电视节目都不看了。所以我们家在彻底去除孩子成长环境里的电视这方面，一点儿都不吃力。

孩子 15 岁前不看电视，真的一点儿坏处都没有。不会错过什么，更不会失去什么；相反，大脑健康茁壮成长，尤其是大脑皮层健康茁壮成长，才是最重要的，不是吗？退而求其次，10 岁之后，如果孩子要看电视，建议只看纪录片。现在的纪录片拍得的确棒，好纪录片多到看都看不过来，在大脑发展相对健全之后，看纪录片不算浪费时间、浪费青春。有位朋友把我的这个建议进一步修改为"只看英文纪录片"，我觉得也有一定道理。

注意，千万不能区别对待。不能父母的卧室里放着个电视，大人天天看，却不让孩子看。这种不公平会积聚起来，最终变成失控的逆反。别试，天下就没有打得过孩子的父母。

再退一步，如果就是觉得有些剧集、有些节目必须看，也不是没有办法。建议：

> 大家一起坐下来，聚精会神地看。

手机静音，水和杯子提前备好，中途不要上厕所，尽量保持安静，不相互说话——就像全家在电影院里看电影一样。好故事、好节目很多，如果必须看，也值得给予与它们对等高质量的尊重，不是吗？专心致志，沉浸一两个小时甚至更长时间，不仅是很棒的体验，而且是一种锻炼，这一点我们后面还会提到。

即便家里没孩子，电视这东西其实也没什么不能割舍的。我们不会因此错过什么，相反，花很长时间看电视才是错过重要东西的原因之一。不管主观上是否认同，事实就是事实。不看新闻、不看综艺、不看剧集，哪怕完全不看，都不会有任何实际影响。

6
不知不觉失去的都是什么

在线上课程《好的家庭教育》里我们讲解过,专注是一种难得的状态。

> 专注状态,从反向定义可能更清晰,它指的是彻底屏蔽了外界之后的状态。

彻底屏蔽外界之后,整个人是不是在空转或闲置呢?冥想时也许是,据说那是一种高级的修行。但更多的时候,尤其对普通人来说,并不是。在专注状态下,一个人虽然彻底屏蔽了外界,但大脑并没有空转,身体也没有闲置。事实上,他的所有注意力集中在正在做的事情上,大脑在积极运转,身体在极为放松的状态下协调运作,一切都处于最高效的状态。

回想一下你的昨天——20多小时前的昨天。你走在路上，低头看着手机，回复某人发给你的微信消息，在发出一条消息之后，你要等待回复；在这短短的几秒或者几十秒的时间里，你大拇指在屏幕底端左划了一下，切换到微博，翻了翻刚刚出现的一些消息；然后你被一个热搜所吸引，点开接着翻了翻；你又点开了某个视频，看过之后大拇指完全是自顾自地不断上划，结果一不小心看了好几个视频；这时你想起来微信应该有回复消息了，于是切换过去看，发现对方的消息已经是好几分钟之前的了。

在这段时间里，你的脚步并没有停止，你在做那些事的时候虽然心不在焉，但也间或把视线从屏幕上移开，瞄一眼周遭……你凭着潜意识在多个任务之间反复切换，来去自如。

——可是，天空很晴朗，空气里掺杂着雨过天晴的味道，喧嚣的城市里竟然也有色彩鲜艳的鸟从你身边飞过；那个令你心仪的异性刚与你擦肩而过，他其实看到你了，但你没看到他，所以他也没觉得应该打个招呼；还有很多很多——甚至是无数——的细节正在你的周遭发生，可你并没有注意到，于是，所有的一切在你的生活中并不存在，因为它们没有被你的注意力所纳入。于是对你来说，那一切和没发生过没有区别——或者说，在你的世界里，那一切都实际上并不存在。

这很关键：

> 只有你注意到的才可能是你的。

虽然注意到了也不一定就属于你，但那些你没有注意到的，无论是否发生、是否存在，肯定都与你无关。甚至，哪怕你的确拥有什么，但如果你不注意它，或者没注意到它——连注意都没有，那么关注或者专注就无从谈起——那么，所谓拥有也只不过是一个幻象。

为了把"注意力"说清楚，我们需要分辨以下四个词：

- 兴趣（interests）
- 注意（attention）
- 意图（intention）
- 专注（focus）

前两个词常常被合称为"关注"，但在这里，我们先把它还原为"兴趣"和"注意"。中文的"关注"倒是一个挺有意思并且准确的说法，因为你注意不到自己不感兴趣的事情，总是先要感兴趣才可能注意。

有时候，"不小心注意到"也是常见的，不过其后也可以选择忽视。如果被注意到的东西很重要，那么，在判断之后，就可以从注意过渡到有意图——多了一个"主动引导注意力"的步骤。如果它足够重要，你就有可能专注于它，即专心地注意它，甚至全神贯注地注意它。有趣的是，当你专注于它的时候，你可能对它的方方面面都感兴趣，而后可以在任何条件下都能注意到它的方方面面，也因而更容易对它专注。

当我们讨论一个人注意力是否足够强大的时候，准确地讲，我们讨论的是基于感兴趣和注意之后的有意图，甚至是专注的能力，以及专注的时间长度——我们都知道这个时间越长越好。

"注意力"被学者注意到，迄今也不过一百多年。对注意力进行研究的先驱是心理学家威廉·詹姆斯。1842年，他出生于纽约一个富有的牧师家庭。19世纪70年代中期，他受聘为哈佛大学教授——那时候哈佛大学还没有"心理学"这个系（部门）。詹姆斯是一位多产的作家，于1890年完成了巨著《心理学原理》。

詹姆斯认为，我们选择关注什么是至关重要的，因为我们是这样构建自己人生体验的：数以百万计的外在事物呈现在我的感官中，却从未适当地进入我的体验，为什么？因为我对它们不感兴趣。我的经验就是我同意关注的东西。只有那些我注意到的东西才会塑造我的思想——如果没有选择性的兴趣，经验就是一片混沌。

我们经常说"人生最重要的就是选择"，这肯定没错，因为一切都是自己选的。所谓"没得选"或者"人在江湖身不由己"，不过是幻觉或借口而已。选择的根基是什么呢？除表面上的信息完整之外，再深入一点儿，就是注意力，因为你注意不到的东西，不可能成为你的选项。

我们经常听到一句话，叫"xxx 有一双能够发现美的眼睛"，实际上说的就是这一点。"美"一直在那里，他却看不到；或者准确地讲，他没有注意到；更直白一点儿，他没有能力注意到。

我们的关注（兴趣和注意）来自两个方面：大部分是先天的本能，余下的是百分之百后天习得的认知。

作为长着眼睛的动物，我们天生就会被亮晶晶的东西吸引。别说我们了，鸟也如此，以致一些森林大火就是因为鸟总是倾向把碎玻璃带回鸟巢，结果阳光经玻璃折射集中，点燃了鸟巢而引发的。再比如，我们就是会被香气吸引，被臭味刺激，被刺耳的声音惊吓，以致只要它们出现，我们就不可能注意不到，无论你有多么专注，都会被它们瞬间拉回到现实。这是基于先天本能的关注。

一个赚钱的机会能瞬间吸引几乎所有人，则属于基于后天认知的关注。我们很难想象一个婴儿看到钱就满眼放光。

很多人有这个体会：生孩子之前没觉得，可当自己有了孩子，就会突然发现满大街都是小孩。这就是你的认知变了，关注也跟着变了。再比如，我们会感觉知识能够吸引更多的知识，也是因为我们的关注会随着我们的知识变化而变化。当你认识到脑科学很重要，就会有更多的关于脑科学的书籍、文章或者消息浮现在你的眼前。

最近我遇到一个特别好玩的事情，我在教人如何摆摊儿——这是普通个体能够从事的最小的却又是系统的"生产—销售—投资一体化流程"。我教大家摆摊儿地点的重要性，以及如何判断某个地点是否适合摆摊儿，判断依据之一就是人流量。你要手拿计数器站在一个地方，逐一数在某段时间里究竟有多少人通过，这个动作叫作"踩点"。几乎所有学员的反馈中都有这样一条："现在走到哪儿都不由自主地想：嗯，这个'点'不错，人流量很大，值得专门再来'踩'一次……"此前从来不曾注意过，现在呢，走到哪儿都能发现不错的"点"。因为无论你走到哪里，脑子里都在不由自主地数人。当然，在此之前，这一切都好像并不存在。

注意力就是这么重要，它把你和整个物理世界联系在一起。没有它，你不仅什么都干不了，还不可能拥有任何东西。

这句话怎么强调都不过分，怎么重复都不过分：

> 你注意不到的都不可能是你的。

可是，因为"永远在线"，因为一个约 100 平方厘米大小的屏幕，绝大多数人竟然把最宝贵的东西拱手相让，且不图回报——其涉及范围之广，影响程度之深，占人口比例之高，都无法不令人毛骨悚然。

不知不觉间，人们失去的是自己的整个生活——可竟然对此毫不在意。电视剧《行尸走肉》，在我看来更像现实纪录片，而不是幻想故事。把自己的注意力像倒垃圾一样扔掉，连走路都要低头看手机的人，和行尸走肉有什么区别？外形虽不像僵尸那么恐怖，但若是看穿了，至少在我眼里，他们比僵尸更惊悚。

7
最具价值的稀缺资源是什么

为了把注意力说明清楚,前文我们分辨了四个词:

- 兴趣(interests)
- 注意(attention)
- 意图(intention)
- 专注(focus)

我们再回顾一下"注意时长"这个词。它指一个人,无论主动还是被动,当他的注意力被吸引之后,接下来能够集中注意力的时长。毋庸置疑,注意时长是随后的有意图或关注的基础,如果一个人的注意时长很短,那他很难做什么真正有意义的活动。

还记得之前的另外一个数据吗?

▋ 人们每 2 分钟就要点亮一次手机屏。

这是多年前的数据了，随着时间推移，相信现在的人们早已连 2 分钟都等不到了。换言之，今天的世界里，有很大比例的成年人的注意时长不超过 2 分钟。

注意时长缩短，是很多人极度缺乏共情能力的根本原因。缺乏共情能力这件事，不像很多人以为的那样，是某种人品问题，它其实接近大脑缺陷（如前额叶皮质发育不良）。注意时长过短，因而无法体会各种事物之间的关联，无法理解他人与自己的关系，无法理解他人处境与自我处境的关联，甚至连他人的表情都无法全部捕捉到……连这些最底层的细节和关联都无法感知的话，别说共情了，事实上任何有意义的判断都做不了，因为他压根儿没有依据和线索。

绝大多数人的注意时长持续下降，短到压根儿不够用，这引发了很多问题，比如易怒、焦躁、易乏、缺同理心、缺共情能力、无法深入思考、拒绝使用文字、易被外界左右、容易被蛊惑……少数个体如此也就罢了，如果是很多人甚至是大多数人如此，还可能变成（或已经变成）严重的社会问题。

心理学家、经济学家、诺贝尔奖获得者赫伯

特·西蒙（Herbert A. Simon）说过这么一番话（注意，他是在 1971 年说的）：

> 在资讯丰富的世界里，资讯的丰富意味着其他东西的匮乏：资讯消费掉的东西的稀缺。资讯消费掉什么是显而易见的：它消费了资讯接受者的注意力。因此，大量的资讯造成了人们的注意力的贫乏，也因此需要在过量的消耗注意力的资讯来源中高效地分配注意力。

资讯越丰富，注意力越稀缺。而物以稀为贵，40多年过去了，资讯不知道丰富了多少倍，注意力的价值也就不知道增长了多少倍，并且显然会越来越贵。

曾经，人们之间最大的差距是财富上的贫富差距；后来，人们之间最大的差距是知识上的贫富差距；现在又进阶了，将来更是如此：

> 人与人之间最大的差异是注意力上的贫富差距。

多巴胺能系统受损甚至被挟持，导致大脑结构的器质性损伤，进而注意时长短到微不足道，其后果不仅是我们将失去生活，我们甚至还会失去进步的机会——哪怕给机会重建大脑皮层，我们也都束手无策。因为真正意义上的学习（无论是学习、练习、应用，还是创造），都需要相对长的注意时长。2 分钟肯定不够，20 分钟勉强及格——这是番茄时间管理法的提出者弗朗西斯科·西里洛（Francesco Cirillo）凭直觉估算的[1]，我们姑且照搬，凑合着用。

对学习、对进步来说，注意时长低于 20 分钟等于毫无意义——做任何有意义的思考，有意义的练习，有意义的实践，有意义的复盘和改进，都需要 20 分钟或更长（甚至长得多）的注意时长。

| 有意义的注意时长 ≥ 20 分钟。

曾经，我们的注意时长可达 10 ~ 15 分钟，这是青少年时期在学校里练出来的本领—— 一节课 45 分钟的设计，依据就是"青少年连续三次注意力集中的极限"。著名语言学家陆谷孙先生，要求自己在 45 分钟的课堂上必须"起码让学生大笑 3 次"，也就是

1　　https://en.wikipedia.org/wiki/Pomodoro_Technique

平均 10 ~ 15 分钟一次。而现在的教师们，不得不越来越频繁地插科打诨，才勉强能够吸引学生最起码的注意力。

世界正在加速两极化。一方面是越来越多的人注意力受损，多巴胺能系统被劫持；另一方面是少数人正在变得更聪明、更能干、更具创造性，并且有越来越强大的人工智能的辅助。整体上看，人类所拥有的知识正在"爆炸"，按照 Open AI 创始人山姆·奥特曼（Sam Altman）提出的"知识摩尔定律"——

> 宇宙中的智能数量每 18 个月翻一番，人类的知识也同步在翻番增长。

1965 年，英特尔公司的创始人之一戈登·摩尔（Gordon Moore）提出"集成电路上可容纳的晶体管数目，约每隔两年便会增加一倍"，这被称作"摩尔定律"（一种经验主义说法）。后来的英特尔首席执行官大卫·豪斯（David House）认为，"预计 18 个月会将芯片的性能提高一倍（更多的晶体管使其更快）"。摩尔定律到今天依然适用。如果山姆·奥特曼的"知识摩尔定律"长期适用（实际上很可能），会发生什么？

知识的山峰

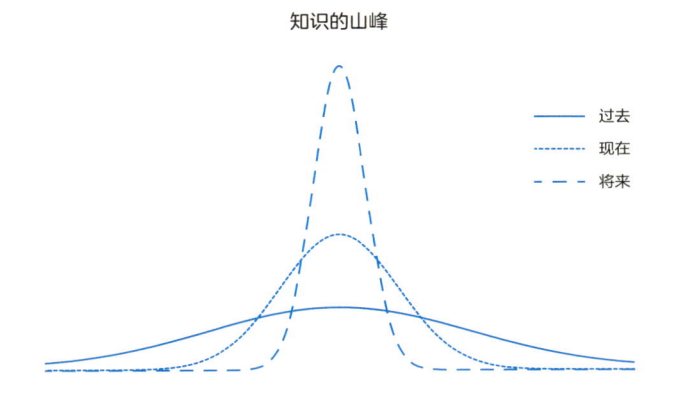

——— 过去
······ 现在
- - - 将来

过去，人类的知识山峰像个小土包，不怎么高，也不怎么陡，多数人起码可以爬到半山腰。现在呢？人类的知识山峰越来越高，也越来越陡，能爬到山顶的人越来越少。未来呢？人类的知识山峰会呈几何级数地拔高，山峰自然也越来越陡，到最后，还是会有人爬到山顶（因为山峰本就是"人"堆砌出来的），但登顶的人，占人口的比例一定越来越小。

最后谁能攀到山顶？不知道。我们只是确定地知道，注意时长不到 2 分钟的人，终生只能待在山脚下。他们不能学习，不能生产，不能设计，不能创造，不能组织，甚至连销售都做不好。他们的时间毫无价值，于是所谓的财富将终生与他们无缘。为何这一事实如此确定？请移步参考《财富的真相》。

这不是危言耸听。相反，我觉得"危言耸听"所描述的程度还不够。一切会发生得非常快。我1972年出生，我的同龄人可能觉得自己经历了人类史上最迅猛的发展和变化，常用"日新月异"来形容：交通工具，我们经历过牛车马车，到解放牌大卡车、火车、轿车、摩托车、飞机、新能源汽车、自动驾驶新能源汽车；通信工具，我们经历了从要贴上8分钱的邮票才能寄出，且不知道对方什么时候才能收到信件，到固定电话、传呼机、移动电话、电子邮件，再到智能手机、微信。

如今我们对未来的形容是"未来呼啸而来"，不仅发展得快，而且速度惊人。一切都指向同一个方向：注意力越来越稀缺，注意力越来越宝贵，注意力越来越重要。

8
不可抗拒的诱惑来自哪里

市面上有很多关于修复注意力的建议，总结下来，无非以下几点或者是它们的变体：

- 不要在社交平台上浪费时间
- 少使用即时通信工具（包括电子邮件）
- 尽量回避多任务
- 养成冥想的习惯或多运动
- 青少年要控制智能设备使用时长

这些建议都很有道理，都值得采纳，然而，然后呢？

这些明显很有道理的建议，事实上并未发挥作用——看起来不难，但常常并未被执行，最终沦为常见的"好说不好做"的东西。今天和昨天没有什么不同，手机还是 2 分钟不到就点亮一次，即时通信应用越装越多，多任务时刻不停，轮得到冥想和运动吗？试过那么几次，后来就忘了。什么时候开始彻底忘掉的？想不起来了。

真的是"诱惑太大"吗？是"自己太懒"吗？是"莫名其妙"吗？

真不是。治病，不能治标不治本。"标"是病症，"本"是病根，只关注病症，可最终对病根的探究不彻底，或者理解不准确，疗效当然差，甚至聊胜于无。

就从看起来最普遍的"诱惑太大"说起吧。这还跟多巴胺能系统有关，因为一旦感受到诱惑，多巴胺就开始分泌，产生相应的冲动以及需要被满足的欲望。此时还不涉及快感——得等冲动执行完毕，欲望得到满足之后，才有包括内啡肽、催产素和血清素等其他化学物质开始参与进来，进而产生快感。

多巴胺能系统将启动两个回路，路程短一点儿的是欲望回路，到达伏隔核再回来；路程长一点儿的是控制回路，最远要到达前额叶皮层。

为什么，让身为父母的你"出于保护孩子成长中的大脑之目的，扔掉家里的电视"相对容易？因为这时候你的控制回路更起作用，因为这时候你的欲望回路还没有被激活，因为你想要切断的不是自己的欲望，而是孩子的欲望，即别人的欲望。又因为你的欲望回路还没有被激活，所以即便你的控制回路不被激活，也无所谓。

这就是绝大多数人会"不由自主地说一套做一套"的深层原因。因为"说"没有压力——常常并不需要控制回路起作用，或者控制回路的确启动了，但欲望回路并未激活，所以无须切断。

"做"就不一样，压力自然地出现了——此时欲望回路已经被激活，并且工作效率相对更高。控制回路即便是同时被激活，也要相对更慢才能走完全程，弄不好在控制回路走完前，行动已经开始了——按欲望回路指示的行动。

很多家长不让孩子看电视，自己回家第一件事却是坐在沙发上，打开电视，掏出手机，在手机和电视两块屏幕间来回切换。此时什么在起作用？欲望回路。什么被切断了？控制回路。

日常生活中，我们会半开玩笑但形象地描述这种情况：脑子里的天使和魔鬼在打架。更朴素的描述是：内心的冲突。此时我们所说的"天使"，是指控制回路；所说的"魔鬼"，是指欲望回路。

> 你每次都真的很想改变,这些想法只能出自前额叶皮层,因为那里是负责理智思考的地方。但最终,你的前额叶皮层还是被伏隔核打败了——反正也不是第一次,你应该习以为常了吧?

医生经常见到另外一种现象。比如,心血管科医生对"戒不了烟"的说法常常不屑一顾,他们会戏谑地说:"等查出了绝症,一下子就戒了。"他们几乎天天见到这种"瞬间戒烟成功"的实例——跟命比起来,烟算什么?

这个现象事实上准确地指出了真正的根源:价值观。

> 价值观,说穿了很简单,就是一个人认为什么更重要、什么最重要。

拥有价值观,需要判断力,需要思考,需要知道什么是什么,知道什么应该和什么比,知道比较的依据是什么,知道怎么比较更合理。关于这些最基础的能力,请移步参阅《思考的真相》。

平日里，"烟"当然更重要，伏隔核能为此给出一万种理由。可一旦被确诊了重病甚至绝症，"烟"和"命"一比，就太无足轻重了。之前没比过就算了，一旦这个比较出现—— 这是前额叶皮层在工作—— 结论实在太过显而易见，也太过震撼，以致伏隔核直接退场了。说实话，伏隔核也不是彻底不讲理的家伙。

所以从更深层次来看，问题不在于诱惑太大，而在于缺乏判断，在于比较不够严肃，在于比较得出的结果不够严重……换个说法就是：

> 价值观不够坚定。

当人们说自己"无法抵制金钱的诱惑"时，关键并不在于金钱是否诱人，而在于被诱惑的那个人的前额叶皮层里，金钱的地位如何，与金钱相较，还有什么东西更重要吗？如果一个人的脑子里有很多比金钱更重要的东西，其中甚至还有一些超级重要，以致金钱与之相比什么都不是的东西，那么请问：就算金钱再诱人，还能诱惑得了他吗？另外，我们仔细想想就会发现，这也是不同金额的金钱会造成不同程度的诱惑的根本原因。

金钱（无论金额）如此，美色（无论男女）也如此，一切诱惑都如此——诱惑，不是来自外界的某人某物，而是源于你自身。你的价值观决定了诱惑存在与否，以及如果存在，诱惑究竟有多大。

另一个更隐蔽的根源是"压根儿就没有价值观"。价值观是认真比较过得来的，没有价值观就是压根儿没比较过，或不知道该和谁比较、怎么比较。很多人不是没脑子，脑壳里也有前额叶皮层，也有控制回路；他们只是没过脑子，既没用上控制回路，也没用上前额叶皮层，为什么？因为前额叶皮层并未存有相应的认知，于是即便多巴胺能系统激活了控制回路，那化学反应一路抵达前额叶皮层后却空手而归，什么指令都没有，于是欲望回路被迫开工。

小结一下诱惑的两个来源：

- 价值观脆弱。
- 价值观缺失。

《行尸走肉》(*The Walking Dead*)里的僵尸，其实是有趣又精确的设定。僵尸的脑子坏了，身体还能凑合用，起码可以移动，但它没有思考能力，又有着极强的吃人欲望——用脑科学家的话来讲就是"前额叶皮层彻底损坏，伏隔核依然在工作"。无论是"黄赌毒""烟酒糖茶"，还是"永远在线"或者"被屏幕包围、左右"，只要是多巴胺能系统被劫持的人，就符合僵尸的定义。

之前从没想过就算了，因为没想过就没有认知，没有认知就无从判断（属于价值观缺失）。但现在有人提醒过了，你也知道了，无论如何自己原本也有一些可用的判断依据，那么请问：当个正常人好，还是僵尸好？"做事不过脑子"不就等于"没有脑子"吗？这和僵尸有什么区别？另外，仔细看看现实吧，这样的人和僵尸一样，成群结队，真的在四处咬人。被他们咬过之后，会变成跟他们一样的僵尸……你不怕吗？

我怕。比较过后，我很害怕。

这时，医生笑嘻嘻地说："怕就对了，怕就好了。"

9
恐惧也是有效的防御

能刺激甚至劫持多巴胺能系统的东西有很多，不仅仅是对愉悦的预期误差的期待，还包括一种预装在我们大脑里的情绪：恐惧。前文我们提到过，新闻聚合系统以及社交平台为什么能轻松劫持多巴胺能系统——因为FOMO，人们害怕错失机会。

无所畏惧并不单纯是一种美德，有时恰恰相反，无所畏惧很危险。如果你熟悉司法系统，或者经常翻阅《法律年鉴》（每个国家都有此类出版物），就会知道很多最后被判重刑的人，他们犯罪真的是因为无所畏惧，其中绝大多数人甚至压根儿就不知道那是犯罪，因此也不知道应该害怕。

FOMO一直是各种劫持多巴胺能系统技术掌握者手中的强大工具，无论是游戏设计者、社交平台设计者、新闻（平台）工作者、自媒体（平台）工作者，还是直播（平台）工作者等。

看起来，恐惧（Fear）一直是我们受人左右的根源，但是再想一想：它能否成为我们普通人自卫的工具呢？

所谓深入思考，难的不是深入，也不是思考，最怕的其实是"没想到""没想过"。很多事情就是这样，一旦你想到了，只要再稍微前进一步，就会得出极具价值的结论。所以，既然已经被提醒了，还是开始想想吧，谁没有前额叶皮层呢？其实，我们前面已经有一次实践了，当时你出于恐惧做出了正确的决定："我可不想成为僵尸！"

你看，恐惧的用处其实很多，很重要，效果也立竿见影。

许多年前，我妻子是没有读书习惯的。基于她原生家庭的情况，直到她中专毕业参加工作，家里连一本杂志都没有。她也不是不知道自己应该读书，但毕竟已经这么过来了，所以她便觉得无所谓。

她有轻度的洁癖，受不了任何杂乱，于是经常帮我收拾工作台，每次都把我弄得很恼火——因为我的工作台虽然看着乱，但我的大脑知道什么东西在哪里，别人看着乱，我用着却极有效率。每次收拾完工作台，她都挺高兴，我则暗自郁闷，只能在找东西上多花时间。

有一次我彻底崩溃了。那天我回家，发现她把我的书柜整理了一遍——按照书籍的尺寸大小重新摆放整齐。我当场"疯"了，情急之下只说了句"我有急事要出去办"就呼啸而出。我知道当时不冲出家门的话，必然要对着一张无辜的脸大发雷霆。

过了好久，我假装没事一样回家了。接下来的每天，我都要花更多的时间找书找资料——那时还不像现在，全是电子书，那时我的书柜很大。整整一周以后，那书架才真正变回"我的书架"。

这事就这么过去了。几年后，有一次玩笑中又提起来。她很不好意思，逼我发誓再也不提此事，我假装答应，然后聊起了读书的意义。

> 读书，相当于延长寿命。不论你读不读书，时间都会过去，你用了 1 年的时间读了 10 本书，那么，别人读那些书也要花 1 年时间。如果你连续读了 20 年书，那么，你其实相当于比不读书的人多活了 20 年，因为他们想要补上这差距，也需要 20 年。

聊开了就收不住了,我接着讲:

> 还有另一个层面。咱读 1 本书,有时候用 1 周,时间长点用 1 个月,可那本书是人家花了几年甚至一辈子去研究才写出来的啊!所以,读书这事,有点像武侠故事里的"吸星大法",说难听点,这不是"偷光",这是"偷命"啊!
>
> 比如,我去年读了 50 本书。咱就简单算,平均每个作者花 2 年时间写书,我这 1 年就相当于"向天偷了 100 年"。
>
> 这还没完。我从小就开始看各种书,从大学毕业开始,我这前后又读了 10 多年书了,每年算 50 本,这就又"向天偷了 1000 年",我相当于一个从北宋活到今天的老妖怪了。
>
> 因此说吧,人和人的区别,真的很大。准确地讲,是时间上很久远。所以,其实人和人之间个体上的区别,真的比人和猴子之间的区别时间上更为久远。其实有很多人不过就是"猴子"呢……

她突然嘟囔了一句"我可不想当猴子"。当时我也没怎么注意，又继续胡说八道去了。当然，偶然还是拿她整理书架那事反复开玩笑。

一晃好多年过去，我妻子好像早就变成了另一个人。她的阅读量越来越大，最近一两年已经到了每年超过 100 本书的地步。以致她有很多微信好友屏蔽了她的朋友圈，说一块儿喝酒很开心，但看她的朋友圈太闹心。我再回头仔细想想，那句嘟囔着说出来的"我可不想当猴子"，其实是真正的起点——当时我的确没想到。

当我们需要戒掉什么坏习惯时，恐惧是最有效的工具。我们找不出比它更有效的东西。因为它是天然有效的、与生俱来的，任何后天的、外部的手段或劝诫，都不如它有效。

杜绝危险驾驶，最有效的方法不是教导，也不是考试，而是强制新手司机长时间观看交通事故录像。我就是这样自我教育的。打开视频网站，搜索"交通事故"就会跳出无数结果，也有不少集锦值得收藏。建议新手司机不仅要花足够的时间看，还要时不时拿出来温习。

如果你有亲戚朋友不听劝，非要买摩托车，觉得骑摩托车很帅很飒，你劝是没用的，试试就知道，用话语说服，几乎是不可能的。怎么办？找个"摩托车交通事故集锦"逼他看完，什么都别说，搞定。

恐惧的力量不仅根深蒂固，还会开启大脑的"自动驾驶模式"，在不知不觉中为你完成各种筛选，在不知不觉中帮你规避各式各样的危险——包括你知道的危险，以及更多你不知道的危险。

⑩ 一定要重视文字、善用文字

我们再换个角度思考一下，当绝大多数人的注意时长都萎缩到 2 分钟以内，整个社会会发生什么变化呢？

> 越来越多的人不知不觉中放弃了文字的使用。

2 分钟都不到的注意时长，无法支撑任何有意义的阅读。同样显而易见的是，2 分钟都不到的注意时长，无法支撑任何深入思考。

文字对人类实在太重要了。人类能站上地球食物链的顶端，根本原因之一就是拥有文字。几乎所有动物都有语言，蚂蚁会散发荷尔蒙，蜜蜂有 8 字舞，小鸟叽叽喳喳的啼鸣……只有人类，除语言外还拥有文字。

文字突破了语言的诸多局限。文字可以不受空间的限制，传播得越来越远，而你说话声音再大，传播距离也有限；文字也可以不受时间的限制，说话是话音一落就结束，而今天写出来的文字，明天和一百年后都可以被看到。我们现在就能读到孔子的话，苏格拉底的话，那可是两千多年前的文字！

文字带来了跨代传播经验的能力。仅靠基因遗传来传递经验不仅慢、低效，而且不可能传递大量、复杂甚至系统的经验。但人类通过文字这一非生物性的工具完善了自己，获得了生物体系里原本不存在的能力。你说，文字重不重要？

人类在通过文字不断积累知识的同时，还不断用文字继续抽象、归纳、组织和总结知识。除了日常使用的自然语言，人类还发明了毫无歧义的通用人工语言，如数学、编程语言等。再后来，人类已经可以用人工智能去理解文字，甚至生成文字，不管是自然语言文字，还是人工语言文字。人类相对于地球上的其他物种，早已可用这个词形容了：一骑绝尘。

不使用文字或者不能使用文字，会给一个人带来巨大且不可逾越的局限。即便是今天，我们还是能看到一些文化程度比较低的人，仔细观察你就会发现，他们的思维局限之所以大，理由非常简单，就是因为他们不使用文字或不能使用文字。所以压根儿就没办法理解足够多的抽象概念、复杂概念，以致无法进行足够抽象、足够复杂的思考，于是他们自然而然且不知不觉地被限制在一个格外局促的精神空间里。

通常，我们把不识字的人称为"文盲"。由于一部分人口不能使用文字实在太耽误整个社会的效率，所以现代国家都花了大量的人力、财力、物力做同一件事情：扫盲。有的国家为了降低扫盲难度，还对本国文字进行了简化。

实际上，那些尽管识字却基于种种原因并不使用文字的人，在行为模式上与"文盲"并无差异。他们事实上不用文字输入（阅读），不用文字输出（表达），不管是主动放弃的，还是不知不觉间变成那个样子的。很多所谓受过高等教育的人，到一定岁数之后就压根儿不阅读、不写作，他们也是"只用语言不用文字的人"，他们和所谓的"文盲"事实上是同一类人。

从电视出现，到短视频横行，这一次，科技进步终于带来了一个人类始料不及的副作用（或负作用）：人类为了提高生产力而努力了一两百年的"扫盲运动"所取得的成果，竟然一夜之间就被消灭殆尽。

如前文所提及的，这一代年轻人的注意时长只有 2

分钟左右，压根儿不足以使用文字。要进行有意义的阅读（不是那种每分钟给一次刺激的爽文），低于 20 分钟的注意时长基本上聊胜于无。

这就是绝大多数人不阅读的真正原因，不是不想，而是不能——真的是做不到而已。至于理由，可以编出一千个、一万个，个个理直气壮，就好像人们在买不起一件物品时总是能找到理由一样。别说认真阅读，你仔细观察一下，今天越来越多的人已经对长达 2.5 小时的电影失去了兴趣——根本坐不住。

不使用文字，或者不善使用文字，对青少年来说更可怕，因为文字是他们在好奇心最强、精力最旺盛的时期学习的最基础工具。学校里的课程其实只有一种，那就是语文课。数学课本质上也是语文课，只不过不是（模糊含混却美不胜收的）自然语言语文课，而是（精确且毫无歧义甚至有点枯燥的）人工语言的语文课。所以，语文学不好，干啥都不行。再往后，为了融入世界，为了遨游于科学海洋，地球上许多国家的人还要再多学一门外语（英语）——谁都知道那很关键，可不还是语文课吗？

一直以来，知识界有个悖论：

> 为什么在信息的传播成本和获得成本几近于零、信息几乎完全开放的时代里,越来越多的人竟然反过来被束缚在更狭小的信息茧房之中?

这一看似百思不得其解的现象,其实有个特别简单直观的解释:

> 短视频的流行几乎瞬间抹杀了人类"扫盲"的努力。

每天大量消费短视频的人群(你肯定同意,他们在比例上占大多数)就是不使用文字的人。他们的输入,是画面和声音;他们的输出,是无声无息的手指滑动,比原始人的沟通都少一步——甚至不用张嘴,要么是多看一会儿,要么是点个赞,顶多转发一下。

大脑就是这样,用进废退。你在短视频平台上停留的每分每秒,大脑都是被动的,大脑与其他精密器官(口舌、手指)的协调关系和动作都是闲置的,大脑处于完全不使用的状态,所以事实上大脑每分每秒都在"退化"。

注意时长过短,直接结果之一就是缺乏自制力。

反过来，缺乏自制力的人，更容易被短视频这类东西所吸引，由此形成一个负向飞轮：自制力越差，越容易被短视频吸引，注意时长就越差；注意时长越差，自制力就越差；自制力越差，注意时长就越差……

换个视角再看。很多短视频内容的制作者（或者其他劫持多巴胺能系统的内容制作者），直接目标是赚钱，而不是建设更好的社会。他们做的可不是慈善。所以，当他们发现某些内容更吸引肤浅的观众，或者反过来说，肤浅观众就是占整个市场的绝大多数时，制作者最明智的选择很清楚：制作更肤浅的内容。窍门也很简单，这是有心理学研究支持，而不是随便拍拍脑袋想到的，就是在尽量短的时间里给出尽量多的刺激而已。或者换个说法：奖励无大小，只要密度够。至于这会不会导致内容消费者多巴胺失调，不是他们关心的事情；甚至，干脆越失调越好，失调的人越多越好，不是吗？

我有一个不客气的类比，至于准不准、狠不狠、是否刻薄，请自行判断，觉得不好就忽略吧：

> 今天的短视频内容生产者，做得更多的其实是名副其实的"饲料"。

说实话，这在极大程度上并不怪他们。时代如此，环境如此，事实如此，他们只是做出了对自己最有利的选择而已。很遗憾，人类整体上一路高歌猛进，却突然之间回到了一个文盲事实上占比最高的时代。要命的是，这同时很可能是文盲影响力最大的时代。

反过来，今天有很多人奇怪：为什么有那么多人拒绝思考？你想多了，他们不是拒绝思考，甚至都没想过要拒绝什么，注意时长决定了他们压根儿就无法思考。就好比很多人不阅读是因为"读不起"一样，很多人不思考其实是"想不起"而已。听着夸张，可的确就这么简单，且令人绝望。

再想象一下，现在有了人工智能的辅助，"饲料"的制作成本会雪崩式降低，这会引发什么？科技的发展不仅有好的一面，也有坏的一面，我们见过很多次了，不是吗？

无论如何，先认真问自己一句吧：是要好好吃饭，还是欢乐地吃饲料吃到死呢？

11
为自己洗脑也不是不可以

"洗脑"（Brain-washing）是个普遍被视为恶意的词，从它常见的用法来看，也的确邪恶至极。不过，与恐惧一样，虽然在大多数情况下，洗脑是我们被人左右的手段，但认真思考一下会发现，我们可以把它用到好的方面去发挥积极的作用。到最后，洗脑也好，恐惧也罢，都不过是可供我们选择的工具而已，和医生手里的手术刀没什么区别。

以读书为例，绝大多数不读书的人其实并不讨厌读书；相反，他们中的绝大多数曾经反复下决心改变自己，要变成爱读书的人，只不过总是以失败告终，成为事不随己愿的经典案例。

以戒烟或者戒酒为例，绝大多数嗜烟贪杯的人也都知道吸烟喝酒的危害；相反，他们中的绝大多数同样曾经反复下决心改变自己，甚至已经取得了阶段性成功，只不过最后几乎都以失败告终，成为事不随己愿的又一经典案例。

真的，是事不随己愿吗？

脑科学家不这么认为。因为大脑没办法欺骗它自己，哪怕它经常被外界所欺骗。原理上，大脑更倾向相信自己想出来的东西，而不是从别处听到、看到的东西。久而久之，大脑会选择只相信自己想出来的东西——随着年龄渐长，人会普遍越来越固执，也是这个原因。

所以，那些知道读书有用但是无论如何做不到的人，之所以无论如何做不到，是因为那道理并不是他们自己想出来的，而是听来的、看来的。那些知道吸烟喝酒对身体只有坏处没有好处，却依然嗜烟贪杯的人，之所以反过来变本加厉地抽烟酗酒，还是因为那道理并不是他们自己想出来的，而是听来的、看来的，所以他们的大脑因为无法欺骗自己而事实上并不相信，也不接受，于是，大脑只能按照它自己的想法继续行事。这不是"事不随己愿"，而是恰恰相反，应被称作"事事随己愿"，甚至"随心所欲"才对！

很多人对填鸭式教育嗤之以鼻，可实际上，它非

常有效,有效得惊人。为什么?因为填鸭式教育和洗脑的原理一模一样:

- 说一遍,大脑既不相信,也不接受;
- 那么,重复无数遍,短时间内足量重复呢?

洗脑,就是通过短时间内足量重复,把思考、判断、行动的流程直接固定在伏隔核内,相当于通过强化欲望回路来悄悄劫持控制通路,导致思考与判断无须经过前额叶皮层,直接由伏隔核接管指挥。

这一原理,如何"为我所用"呢?

如果某个道理听来、看来之后,自己真觉得有道理,那就不能直接放过去,一定要加上一个关键且不可或缺的步骤:复述。

> 用自己的话对自己讲很多遍—— 换很多种说法,换很多个角度,时不时就给自己复述一遍。

有趣的是,一旦你开始用自己的话去复述某个道理,大脑就会瞬间开始分不清:那是我从别人那里听来的东西,还是我自己想出来的东西?大脑倒是不会慌,而是自然而然地认为"那只能是我自己想出来的东西"，于是自然而然地倾向相信这个"我自己想出来的东西"，其笃定程度瞬间达到另一个层次。

整体上看，教师群体就是自我要求相对更高的人群。这种高尚，说实话也不是他们故意的。主要原因在于，他们的日常工作就是讲述道理——准确地讲，是复述道理。虽然那道理并不一定是他们原创的，但毕竟要复述，还要反复复述，久而久之，他们对那些道理的笃定程度，与台下被教育、被告知、被建议的人就差别很大。毕竟，人类的大脑都一样，更倾向相信自己想出来的东西，同时也对自己想出来的东西更为笃定。

你如果参加过读书会，会有更切身的观察和体会。真正把书读进去的，只有上台分享的那个人。其他人也就一听，大概率会沦为耳旁风。有时候人们会轮番上台，那么，那些在台上分享过某些片段的人，对那些片段不仅印象更深，而且被那些片段影响得更深。这是同样的道理。

换言之，短时间内足量重复地向自己复述重要的道理，甚至多角度反复尝试，是真正改变自己的最有效方式，因为你已经用了天下最"狠"的手段：给自己洗脑。

若是你还有比这更有效的方法，请不吝告诉我，我没什么不服气的。

然而，复述并不容易，压根儿就不是不善使用文字的人能做好的事情。不善使用文字的人无法做到，你看有多少人（大概率包括你自己），看完电影兴高采烈，可一旦被问"到底哪儿那么好看，哪儿那么精彩"的时候，那尴尬的样子就明白了。这事没那么容易，绝对值得重复很多遍：

> 一定要重视文字，善用文字！

复述，需要足够的记忆容量——当然在此之前，需要足够长的注意时长为基础，要有足够的总结归纳能力，要有对逻辑要素重新排列组合的能力，要有一定的表达能力，它甚至是一种特殊形式的生产和创造。因为复述最好还要有一点儿创意，真不只是一字不差的死记硬背。

复述本应是天下所有语文课最重要的训练项目，甚至在我看来，复述应该是唯一重点训练的项目。遗憾的是，从未如此。原因很简单：僧多粥少——学生多，课堂时间少。背诵可以集体背，复述只能一个个来，遇到个别胡说八道的，还得等上好久才能分辨出来。所以复述训练虽然重要，也被很多语文老师认为重要，可实际上就是没办法在课堂上实施，所以一直被事实上忽略，以致绝大多数人在接受多年教育之后复述能力依然为零。

重复多少遍都不过分："一定要重视文字，善用文字。"哪有不用文字的复述啊？你会画画、会拍视频又如何？首先，大部分场景并不适用；更重要的是，画画、拍视频极大概率比写字、说话费劲吧？

向别人复述不易，但对自己复述就简单很多。你可以慢慢做，可以点点滴滴积累着做，不会像当众讲话那样受紧张感的困扰。你要准备的不过是一个本子里对开的两页纸，一页写"种种好处"，另一页写"种种坏处"：

- 好事
  把这件事做好的种种好处。
  不做这件事或者做不好这件事的种种坏处。
- 坏事
  不做这件事或者不继续做这件事的种种好处。
  做这件事或者继续做这件事的种种坏处。

针对"坏事",可能一页纸就够了,因为不做坏事的好处可以忽略不计。尽量详细地罗列,尽量生动且毫不留情地描述。关于如何做到尽量详细、尽量生动、毫不留情,其实这本书里已经有很多实例了,不妨自己揣摩。而后,还要时不时拿出来回顾,想到更深入或者更准、更狠的就补充进去。

这个不断补充的过程可以很长很长,因为随着大脑接受程度的变化,大脑的"自动驾驶"能力也会增强,随之而来的是不同的体验、不同的反馈、不同的观察、不同的思考,总有一天,你会突然发现,在你不断补充的这件事上,已经很少有人能像你那么深入思考了。毕竟,深入靠的不是聪明,而是时间和积累。

很多人读了那么多书、听了那么多道理之后,还是像原来一样苟活,只是因为他们读书、听话之后,漏掉了这个原本不可或缺的环节:复述。所以他们的大脑其实从来没有真正接纳过那些他们花了时间,甚至花了生命去阅读的东西—— 大脑知道那不是自己的(不是自己想出来的),而是别人的。

相信我,很多零零碎碎的方法不会真正改变你,但复述会彻头彻尾地改变你。且不说我用这个方法改变了多少人,单说我自己,它的有效性我是清清楚楚地体验了很多很多年的，超级有效。

　　顺便说一句，这也是为人父母对很多人来说是一次重生机会的根本原因—— 很多人都是在有了孩子之后，才有了人生第一个复述对象。但只有其中的少数人会反应过来"语文不好真吃亏"，不仅自己吃亏，还连累后代一起吃亏。关于如何重塑自己的语文能力，请移步参阅线上课程《李笑来的写作课》。

12
都不是超人却有可能过人

我们都会不由自主地高估自己。说实话，这也合理：太不自信肯定非常影响生活，但太自负却相对影响较小。有个经典的玩笑说，高达 90% 以上的人认为自己的驾驶水平处于平均水平以上。只有当大脑看到冷冰冰的数字时，才会真正冷静下来，即便难以接受，也不会强词夺理，因为数字就在那里，不容争辩。

高估自己的注意力（或者换个说法：意志力）显然也很普遍，因为我们通常无法准确地量化这一能力。好在有些数字可以帮我们冷静下来，平静地接受事实，不会触发大脑的逆火效应（the backfire effect）。

> 逆火效应：当一个错误的信息被更正后，如果更正的信息与人原本的看法相违背，它反而会

> 加深人们对这条（原本）错误信息的信任。

康奈尔大学的研究人员统计发现，我们每天需要做出的决策数量远远超出我们的想象，仅在饮食这一件事上，平均下来每个人每天要做 226.7 个决策。大体上，每个成年人每天大约要做出 35000 个有意识的决策！

进一步看这 35000 个决策，其中大多无非鸡毛蒜皮的小事：吃点啥、看哪个频道、到哪儿去、穿什么衣服、要不要买什么新东西等，这些都是能排进重要性前 5% 的决定。35000 个决策中，大约有 122 个决策是迟疑的，因为它们显然更重要，且没有统一答案。再进一步，这 122 个决策中，至少有三分之二可能引发后悔。

新手妈妈之所以必然焦虑，重要原因之一是在孩子出生的第一年里，母亲要做出 1750 个艰难的决定，包括给孩子取什么名字、是否母乳喂养、是否应该训练宝宝的睡眠、如果应该又该如何去做、遇到自家宝宝给出的反应并未在专家讲解范围内的时候怎么办、要不要在社交媒体上发布宝宝的照片、宝宝病了要选择什么样的医院和医生、家里成年人的意见不一致时怎么办、如何解决来自各个方面的时间冲突……问题之多、之繁杂，单单把问题列出来（不包括解答）都有可能超过一本书的厚度。

不消说，我们时间有限，精力也有限，我们的注意力也好，意志力也罢，更是相对有限，甚至，我们没有资格讨论如何避免分神，因为我们时时刻刻处于过载状态。我们生活在一个一切都在抢夺我们注意力的世界，不分神和专注，注定就像那个著名的系列电影一样——*Mission：Impossible*（直译为《不可能完成的任务》，又译作《碟中谍》）。

我们不是超人，拿肉身充当超人弄不好会丢掉性命。先承认自己普通，承认自己的局限，肯定是更安全的策略。然后，如果可以找到一些方式获得相对优势，虽然亦不过是人，却有可能成为过人之人。

想要夺回自己的生活，掌控自己的注意力，甚至成为过人之人，首先要接受一个无论谁都改变不了的事实：

> 选择意味着放弃。

很多人的终身尴尬，都可以归纳为一句话：既要又要还要，反正啥都要。这天然不可能成功。他们的失败并不是因为性情太懦弱，信心不够坚定，意志不够强大，只因"天理不容"。不是他们不行，是任谁都不行。

放弃做个完人，行不行？当然行！不仅行，到最后谁都会越来越清楚地认识到——不是行不行的问题，这世界压根儿就不允许它不行。

我们的注意力也好，意志力也罢，都是有限的。如果你肯诚实面对自己，稍微统计一下就会清醒地意识到，为期一个月，平均每天专心致志做事的时间不大可能超过 6 小时，对很多人来说，3 个小时就已经是极限了——并且真的很累。

至少我就是这样的。我发现自己压根儿没办法做到从各个方面都对自己严格要求——"严格要求自己"这件事就在耗费本就相当有限的注意力和意志力。

有人研究过美国前总统贝拉克·奥巴马（Barack Hussein Obama），从各个角度看，他都是个自控能力超群的人。然而，人们最终发现，奥巴马竟然会偷偷吸烟！《时代》周刊不知从何处弄到一张少年奥巴马抽烟的照片，以致举国哗然。奥巴马 10 岁开始吸烟，那么多年的戒烟尝试都以失败告终，即便是在举国哗然的压力下，他到最后只能诚实又羞愧地承诺："以后坚决不在白宫抽烟。"

我们每个人到了一定的年纪，都会因为这样那样的原因染上一身坏毛病，而后在终身的所谓努力中，绝大部分实际上就是与这些坏毛病在斗争。遗憾，但真实。

请注意，我的意思是说，为了变成更好的自己，要做的一个很重要的决定是：

> 放弃改正一些坏毛病。

很大概率这和市面上所有的建议都相悖。然而只要你稍微思考一下，就会接受它，因为这才是现实的建议。

事实上，仅仅"大大方方地承认自己一身坏毛病"这一点就足够解脱了。很多注意力专家或者意志力专家，都劝诫人们一定要尽量回避多任务，我对此通常都不以为然，然而在某个极端上我是同意他们的—— 有什么多任务比"时时刻刻伪装"更累人的？

我对回避多任务的建议不以为然的原因，至少有二：

- 首先，多任务可能是一种能力，而非禁锢。比如，我经常边开车边听书，边跑步边构思文章，甚至写文章的时候不仅用两个显示器，还有个电视在边上放剧集，但真的完全没有影响到我的多产。
- 另外，专家们要求回避的多任务，都太鸡毛蒜皮以致不值一提。例如，"伪装"这个多任务他们为何略去不提？再比如，我可以举个更狠的多任务——很多人终生的压力、纠结甚至抑郁，来自为别人打工而不是为自己做事，这两个东西如果不能重合，那可真的是时时刻刻在天壤之别的任务之间切换来切换去。同它相比，看一眼手机，真值得那么大动干戈吗？

无论他们是不是故意，"一贯避重就轻"就是我对所谓专家们的评价。

话说回来，坏毛病总有大小之分吧？小点的就算了，一辈子也就扛过去了。比如"说话常带脏字"就没什么了不起，实在有讨厌我带脏字的人，以后躲着不见就是了。大一点儿的，哪怕"贪财好色"这种被大家不齿的性格特征，我也不觉得一定要改，太累，了不起稍微抬高一点儿标准呗？我也没办法知道别人私下究竟是怎么处理的，也懒得花时间去研究。再比如，我就是戒不了烟，对此我肯定不引以为荣，但也并不以为耻，随它去吧，保持礼貌，不影响他人就好。

我有限的时间精力、注意力、意志力，应该有更好的去处。到最后，这更像是个复式账簿，有支出，有收入——反正谁都做不到完全没有支出——收支平衡就好，收入远远大于支出更好。如果收入远远低于支出，那不是收入的问题，也不是支出的问题，是决策者的问题。分不清轻重，能怪谁？

如此看来，虽然做超人肯定不可能，但做过人之人不仅可能，甚至还挺容易。因为人群之中绝大多数人是没有自制力的，他们连自己的多巴胺能系统被劫持都不知道，不用跟他们比。剩下的少数里，竟然绝大多数是心甘情愿内耗的人，效率根本就提不上来，也不用跟他们比。差不多了吧？你已经属于剩下的极少数了，还比什么？专心做自己的事就好。

13
用来做这个就不能做那个

放弃一部分,是为了选择另外的部分,把宝贵且有限的时间、精力、注意力、意志力留给它们。反过来也一样,因为时间、精力、注意力、意志力都跟钱一样是排它性资源,你用来做这个就不能做那个。所以,与坏习惯斗争,很多的时候并不见得是优势策略,正像前文所提及的,克制或者控制其实是相当耗费整体脑力的—— 反过来可能更有效,纵容好习惯会有效地抑制坏习惯。

过去,我很难举出恰当准确且又足够重要的例子去说明这一点。但最近几年,我一直在维护一个社群,多次更名后,现在被称作"富足人生社群"。这个社群的核心关键词,随着时间慢慢沉淀,竟然逐步形成了一个系统,分别是自学、生产、销售、投资、追求。

这个社群源于我在网上开源的一本免费书籍《定投改变命运》。书中提到一个事实：

> 钱有两个用处，一个是大家都知道的消费，另一个是少有人去做的投资。

随后的几年，我一直收到的是相当重复一致的反馈：

> 现在想起来，以前真的是大手大脚，消费起来完全不知轻重，且自己还不知道。等我看过书，开始投资之后，突然之间就失去了消费的欲望。

我想无论是谁，都知道大手大脚不合适吧？可就是忍不住，或者干脆就没在意。但有一天，一不小心知道了钱的另一个用处——投资，投资这个用处就开始全方位排挤消费这个用处，不需要克制、控制、节制等一连串的动作，突然间一切都变了，一切都不一样了，毫不费力。

同样的道理，当我们把时间、精力、注意力、意志力用在一个更好的地方的时候，我们就不大可能剩下什么还可以用在更差的地方，不是吗？前提是，知道什么好,知道什么不好,知道什么和什么比更好,知道什么最好——好钢当然要用在刀刃上,能有多难呢?

这就给了我们一个思路,去解决那个所有父母都异常头痛的问题:

如何控制孩子的屏幕时间?

各种媒体各种专家的建议,想必大多数父母早就参照过了,也都大同小异,本质上都是退而求其次——因为外界的影响太大了,虽然父母们了解到新科技的危害也不是一两天了,于是早就殚精竭虑想了很多办法:

- 直接限定使用时间,比如每天使用手机不能超过 2 个小时。
- 使用奖励进行限定,比如每天跳绳锻炼,每超过 10 分钟,可以换取看电视玩手机的时间 5 分钟;或者,每天阅读时间如果超过 20 分钟,可以换取看电视玩手机 10 分钟等。
- 变着花样进行限制,比如每天给孩子发 30 分钟一张的电视手机票 2 张,由孩子自行安排,看电视玩手机时交票,票用完就不能再看了。

我都懒得评价这些建议。总之，退而求其次就是彻底输了。比尔·盖茨曾经分享过他家里的"屏幕政策"，其中一条是：

> 15 岁之前绝不允许使用手机。

这是有脑科学研究作为依据支持的。人类的大脑要到 15 岁才发育得足够完整，这时候，大脑皮层以外的部分全部发育完成；大脑皮层则要继续发展，到 25 岁前后才彻底发育完整。在 15 岁之前，青少年、婴幼儿的大脑实在太脆弱，发育被影响被干扰的可能性几乎是 100%——之前干脆用过很恐怖的类比，"15 岁之前就已经沉迷手机这类设备，大脑皮层早就是'烂尾楼'了"。

不仅要给孩子们讲清楚道理，还千万别忘了让他们反复做那个不可或缺的环节：复述。不仅复述，还要反复复述。

除此之外，还有没有其他真正有效且有意义的解决方案呢？只要肯想，仔细想，总会有的——答案也很直接：

> 想尽一切办法用其他有意义的活动占据孩子的注意力。

这压根儿就不是孩子的问题。这是你作为父母，与孩子所面对的整个世界的争斗——外部有大财团支持的大公司生产这种抢夺注意力的设备，还有大量公司设计相应的软件在这个设备上抢夺用户的注意力。孩子有什么能力赢得这场争斗呢？他们甚至连最基本的辨别能力都没有——因为大脑皮层尤其是前额叶皮层尚未发育完整。

作为父母，你不抢，全世界就联合起来抢，那你抢还是不抢？既然要抢，反正得抢，哪有工夫抱怨，又何必商量？整天花时间跟自己家孩子商量，从商量变成争吵甚至争斗，搞错对象了吧？敌人是谁分不清吗？

我们当然还会讨论更多的对策，不过，先说一个最直接最朴素的，那就是"户外活动"。想尽一切办法带着孩子做户外活动，时间越长越好，孩子越小越是如此。户外活动还有助于预防（甚至治疗）近视——这是很多父母可能没想到的。脑科学的研究告诉我们，大脑获得的信息有 80% 来自眼睛，所以近视往往并不仅是眼睛这个器官的问题，更是整个大脑的问题。治疗近视的最佳方法，不是到最后不得已去做手术，而是有足够的时间暴露在空旷的环境里，而不是像很多人那样宅在家里。《自然》杂志 2015 年刊登的一篇文章提示：宅，可能才是近视的罪魁祸首。

如果在这一过程中找到了孩子喜欢的运动项目，那就更好——多运动几乎可以解决一切问题。

不是没有例外，比如霍金那样身体孱弱的天才，但普遍的，体力真就是脑力的基础。体力更强的人，相当于拥有更强的续航能力，相应地，他们精力更旺盛，抗压能力更强，学习能力自然而然也就更强。

无论回顾历史抑或展望未来，这个基础事实不会变：体力从来都是个体之间竞争的基础。过去的几十年里，人们的平均寿命不断延长，百岁人生已经可以预见。多 10 年寿命，不知道能多做多少事情。更为关键的是，学习的难度事实上一直在下降——我们早就有了电脑的辅助，后来有了互联网的辅助，从现在开始又将有人工智能的辅助，这些不断增加且更加强大的辅助，正在不断降低学习的门槛。将来，对人们来说，学习的门槛其实不是天分或者智商，而是体力、健康和寿命；反过来，智商更可能是健康长寿的结果之一。

时代变了。未来，你将很难见到从前人们说的

"四肢发达，头脑简单"之辈。世界早就变了，知识获取太过方便，与过去相比也更为廉价，理论上，人人都有几近平等的获取知识的机会。但体力这东西，练的就是比不练的强，于是，那两个词之间的关联不再是"因为四肢发达，所以头脑简单"，而是反过来，"因为四肢发达，所以更有机会头脑不简单"；再反过来，"四肢不发达的话，头脑更大概率简单"。

我通常也建议家长们，最好让自家孩子在 10 岁之前，最晚 15 岁之前，养成每天跑步的习惯。这么一个简单的习惯，可能减少未来无数的麻烦。不贵，家家都负担得起，了不起多买几双鞋的事情。每天跑个半小时或一个小时，这个过程中是不可能刷手机的，跑步就是个注意时长很久的活动，跑着跑着就进入了全神贯注的状态，很自然。

还有一点，运动习惯如果小时候没有养成，成年后是很难重新建立的。小时候爱运动，一辈子爱运动；长大后因为身体不好了想健身，大概率坚持不下去；少数能坚持的，也很大概率因为各种原因受伤而放弃。

另外一个必须面对的，是自家孩子的疑惑或者不公情绪。"别人都有手机，就我没有，不公平！"来自同龄人的压力从来都是个问题,毕竟,我们生来就是社交动物。我的解决方案是,尽早教会孩子编程。

注意!

> 不是那种专门为孩子设计的"少儿编程语言",而是"大人用什么他们直接就用什么"的编程语言,比如 Python,比如 Java script,甚至可以更高级,如 LISP。

小朋友获得的属于他自己的第一块屏幕,必须是一台电脑。一台连着键盘的电脑,而不是那种触摸屏设备。从一开始就让他们在电脑上使用文字,无论是自然语言还是人工语言(编程语言都是精确且毫无歧义的人工语言),这是硬性要求。

很多家长读到这儿,心里会打鼓——别怕,这事没多难,只不过是你自己还没开始就先被吓倒了而已。事实上,无论大人还是小孩,人人都可以很快学到实用的程度,请移步参阅《自学是门手艺》。

这个建议的原理其实还是同样的:孩子拿着智能设备,时间精力、注意力、意志力被耗费在编程和学习编程上,就不会剩下什么能花到游戏之类上的精力。一旦小朋友学会了运用编程创造，就会发现游戏没那么有趣，进而不大可能沉迷，因为"让机器听话"实在是太令人痴迷了——编程不就是指挥机器做事吗？一辈子都玩不腻。

14

冥想不一定最有效最普适

市面上关于注意力的书籍，无论是教大家如何管理注意力、如何避免干扰，还是如何超级专心，最后都会推荐一项有助于提升注意力管理效率的活动：冥想。

平时，你想要主动做到注意力集中其实很难，因为外界的干扰因素实在是太多，这也是冥想、打坐是高超技艺的根本原因，因为冥想的目标就是注意力高度集中。超级冥想还有另外一个要求：注意力高度集中的同时，身体超级放松。

在《学习的真相》课程里，我推荐家长们想尽一切办法带着孩子养成朗读的习惯，甚至将其变成爱好。原理上，朗读是非常接近冥想的活动，因为两者一样，做的人只能注意力高度集中。

冥想是通过关闭各种感官，关闭听觉、视觉、嗅觉、味觉、触觉，逐步把注意力集中到某一个事物上，比如自己的呼吸，比如自己的一个念头。

朗读则是另一个方向的活动，它不关闭各种感官，而是通过尽量占用更多的感官，以及协调更多的感官，最终达到外界无法干扰的地步。

最后，二者的效果是一致的，都是注意力高度集中，并且是不由自主地注意力高度集中；同时身体超级放松，并且是不由自主地超级放松，因为不放松就无法做到高度协调。

朗读和跑步一样，可以做一辈子。青少年朗读有很多好处，除能提高注意时长之外，更重要的是它会自然而然惠及语言能力，尤其是记忆能力。记忆力是学习的基石。成年后想要学一门外语，朗读也是最有效用也最有效率的方法。到了老年，朗读任何内容都对预防阿尔茨海默病有极大作用。

除了朗读，我自己有经历和经验的，也是我经常推荐的是"玩玩吉他唱唱歌"。这个简单且容易上手的活动，对注意时长的要求很高，而且是不知不觉地就要求很高——论多器官协调，弹唱肯定比朗读要求高：

- 大脑（总指挥，中枢）
- 眼睛（看谱，看歌词）
- 喉舌（唱）
- 肺与鼻（控制呼吸和气流）
- 耳朵（监听控制自己的声音）
- 左右手（两只手十个手指要配合着弹奏）
- 脚（可能在打着拍子）
- 脸（如果有观众的话，可能还需要做表情管理）

冥想和弹唱，这两样我都经常做，我的感受是，两种活动的体验走到终极其实是一样的，都是超级愉悦的体验、放松。这两种活动也一样地累，同样地消耗体力；也都一样地轻松，1小时、2小时甚至3小时都一晃而过。

你试过就知道，哪怕是调用器官相对少的朗读，也因为同样的原理容易让人不由自主地在注意力高度集中的同时，身体却超级放松。也就是说，弹唱、朗读、跑步等活动，只要真心喜欢，做久了都容易进入大师冥想一般的状态，最近流行的心流（Flow）指的也是这种状态。

文娱活动，比如唱歌跳舞、弹奏乐器，都是很好的活动——这些活动和很多的体育活动一样，没办法边刷手机边干，它们都需要很长的时间广度，做着做着就进入了全神贯注的状态，对大脑的健康太有帮助了。

在这方面，太多的家长短视了，只盯着能够提高升学竞争力的文体活动，认为最重要的是课本内容和考试成绩，其他都是不务正业。可实际上，最后走得越远的人，不务正业的反而越多。你当然知道爱因斯坦会拉小提琴，更普遍的是，所有的（不是几乎）科学家都有自己的业余爱好，且与那个他们为之知名的领域毫无关系。

家长需要注意的是，文娱活动不能太功利，也容不得所有人都很功利。你能做得很厉害自然好，但，仅仅作为一种自娱自乐的生活方式，就已经是够大的"福分"了。我自娱自乐地玩吉他多年，太知道这个活动，对自己有多大帮助——单单精神上的自娱自乐已经是超级大的幸福了。虽然从音乐上来看，我实际上做得超级差。许多年后，我越是了解脑科学知识，就越庆幸自己小时候误打误撞养成了这么一个治愈的习惯，它对我的大脑不曾发生结构性损伤的贡献难以评估。

文娱活动是非常益智的。因为一切的学习，都是某种程度的体育课——都需要脑体协调。就像刚刚提到的那样,哪怕注意力集中,到最后也一样是脑体协调。

文娱活动不仅益智,它们通常也是护智的手段,好好利用的话,它们会让你不由自主地长时间注意力高度集中——本质上,这是大脑在做有氧运动,是大脑在"撸铁",大脑会因此更加强壮。

家长请仔细跟孩子解释清楚:卡拉OK、迪厅、电子游戏……这些不算是好的文娱活动。判断标准很简单:

> 做这些活动的时候,你主动调用的器官是不是足够多?

卡拉OK、迪厅、电子游戏……玩家更多的器官是被动占用的:大分贝的音乐、沉重的低音、闪烁斑斓的灯光,再加上酒精麻痹掉一些器官……这样的状态不是注意力集中,而是大脑部分能力的部分迷失,两者差别实在太大了。好处没啥,坏处挺多,否则就解释不了这个现象:注意时长越短的人,越喜欢玩这些东西;反过来也一样,越喜欢玩这些东西的人,注意时长越短。

户外活动、运动、朗读、弹唱,以及其他的文体活动,本质上除有助于锻炼体力之外,更重要的意义在于它们也同样锻炼脑力。和"一个人能不能跑很久跑很远"展现体力（至少是耐力）一样，"一个人能不能极长时间注意力高度集中"展现的是脑力（同样至少是耐力）。

脑力（或者大脑耐力）和体力一样，可以通过持续锻炼来提升，并且很容易拉开人与人之间的距离。因为锻炼耗费时间，时间除了是排他性资源之外，更重要的是不可再生资源，过去了就是过去了，找不回来。同时，需要花时间获得的东西，换了是谁都需要差不多同样的时间，差异一旦形成，落后者想要追上来只会越来越难，如果不是毫无可能的话。

假想一个人，从出生起，除吃喝拉撒睡之外，唯一的活动就是向某个方向移动。有人每天可能走 1 千米，有人每天走 2 千米，大家相互可能有一定范围的差异。后来，有人懒一点儿，一天只走 0.5 千米，有人勤快一点儿，一天走 3 千米，个体差异逐步拉大。再后来，有人学会了跑，而大多数人不会，那么在别人平均一天走 1.5 千米的情况下，会跑的人一天竟能跑出 10 千米。有人肯锻炼，有人不肯，个体差异进一步拉大，懒人一天还是移动 0.5 千米（甚至后来干脆不动了），大多数人还是一天 1 千米，但有人可能是 20 千米，还有些人差一点儿也能跑出 15 千米。再后来，有些人学会了骑马，一天能移动 100 千米，还有人有了车，一天能跑出 1000 千米，还有人竟然坐上了飞机，不仅一天能跑出 10000 千米，还一点儿都不累。一年 365 天，一辈子 3 万多天，个体差异持续拉大，能大到什么地步？很形象了吧！

　　脑力也是一样。有和没有差别很大，被破坏的和没被破坏的差异很大，训练过和没训练过差异很大，学没学会用辅助工具差异很大，活的时间长短、学的时间长短、实践的时间长短，带来的差异更大——算下来，个体之间的差异何止"十万八千里"？

　　除了冥想，还有很多可以锻炼、维护和提升脑力的方法，核心都一样：尽量长时间地专心致志。我个人以为，本节提及的所有方法都比冥想更有效，也更普适，老少皆宜，男女不限，谁都能做。实际结果也的确都比冥想更好，毕竟在锻炼过程中，不知不觉还长了更多本事。冥想本身没什么不好，只不过总被一些人拿来搞灵修那套东西，误导公众。

15
顺序决定质量

时时刻刻，地球上都点亮着几十亿部带有约 100 平方厘米的屏幕，永远在线的智能设备，里面装着各种 App，游戏平台、社交平台、新闻聚合平台、长视频平台、短视频平台、直播平台、电商平台……个个都在时刻抢夺用户的注意力——很多人手上还有不止一台这样的设备。

虽然很多人已经开始警觉，遗憾的是，绝大多数人因为未认真思考，因为判断力有限，因为关注错了焦点，从而得出了不尽完善的结论。哪怕是各类专家也都包括在内，人们普遍误以为不断被干扰的最重要的是他们的工作和学习——按他们以为的优先顺序排列。

被干扰甚至被破坏的方面有很多，像是工作、学习和生活肯定被严重干扰了，但如果按照重要顺序排列的话，我认为应该是：

- 睡眠
- 运动
- 放松
- 学习
- 工作
- ……

不仅要注意，还要认真思考这个顺序——什么更重要，就是价值观的核心。

按照先后顺序把被干扰的认为是工作、学习和生活，在我看来算价值观脆弱（或者价值观不坚定）。因为学习必须优先于工作——为什么我会如此笃定？请参阅《财富的真相》。

在这个先后顺序里，原本应该排在前列的睡眠、运动、放松竟然不存在，在我看来算价值观缺失——到最后，判断错了的时候自己不知道，直到产生严重后果的时候才恍然大悟：想都没想过竟然要考虑那个。

大脑是人体能耗最高的器官，每时每刻，总计上千亿个脑细胞中有相当一部分在同时工作，而神经元之间的沟通靠的是放电——不是类比也不是比喻，就是和现实世界里的电网一样的放电。因此，大脑每天都需要"充电"。奇怪的是，人们对手中的移动设备充满了电量焦虑，以致一个充电宝租赁生意可以做到上市，却对自己的大脑全无电量焦虑。问题出在哪儿？

> 大脑时时刻刻都在耗电，所以，你也必须拥有一个更大容量的电池。

类比一下的话，睡眠对大脑来说就好像是在电池充电；运动就好像是电池扩容；放松就好像是电池优化。无论睡眠、运动还是放松，都是值得刻意、专注去做的事情。否则，无论你那设备（大脑）的 CPU 多快、内存多大、应用多高级，都没用。缺电会导致你什么都做不好，无论工作、学习还是生活。

一次夜间睡眠质量不佳会导致接下来两三天的工作效率降低，后果就这么严重。人们还算清醒的时候所能感受到的压力、焦躁、烦闷等，究其根源，都可以归结到睡眠不佳，即睡眠时长不够，或睡眠质量不高。

睡前翻几十分钟手机，然后把手机放在枕边睡觉，已经成了多数人的习惯。这个看似不起眼的习惯，对睡眠质量的打击相当严重。2003年哈佛大学医学院的一项研究显示，睡前暴露在蓝光中2小时，最高将抑制22%的褪黑素分泌，从而影响睡眠质量。与此同时，这个习惯会让人不由自主地越来越晚睡，进一步影响睡眠时长。

绝大多数人对运动的态度，既不刻意，也不专注——事实上绝大多数人压根儿就不运动。国内某大型运动类社交App，2015年上线，7年后累计用户近3亿，也就是近全国20%的人口。这3亿用户里有多少是活跃用户呢？大约12%，3640万。由此不难估算，持续运动的人占总人口的比例有多低。

人们通常会在生过大病、吃过大亏之后，才开始重视锻炼，但若非刻意且专注，不可能坚持多久。如果你没事去公园里散散步，会看到很多正在运动的中老年人，他们的运动方式千奇百怪，闭目、甩手、撞树、倒行、爬行……越是实际运动效果差的方式，参与人数越多。

运动值得刻意学习，运动习惯越早养成越好。当然，没必要每个人都成为运动员或专家，但读读运动方面的书，看看运动方面的教学视频，条件允许的话请个健身教练，都是超值的——社会低估了这方面的价值，所以市场给出的价格低于实际价值。

运动原本不是人的必需，因为日常工作已经消耗了足够的体力。运动，某种意义上是现代人的特权和福利，因为日常工作消耗的体力相对越来越少。一小时左右的运动，对大脑来说不仅是大脑电池的充电，还是电池维护，更是电量扩容。形象地讲，很多人精力不够，其实就是大脑电池容量低。假设大家普遍是3500毫安时，他呢？可能只有2500毫安时，自然会经常觉得扛不住。保持适量运动的人呢？他们的大脑电池容量可能会高达12000毫安时——差异就是这么大。

最后说说电池优化——放松。

很多人所谓的放松，不过是躺着刷手机，至于姿势，可以多种多样。他们竟然仅因那样不消耗体力，就以为是在放松。而他们不知道的是，这其实是在消耗比体力更高能耗的脑力，消耗的是大脑电池的电量，并且是电池长时间超负荷工作。换作是一台手机，早就烫到死机了，只不过现在超负荷的是我们天然的大脑，它远比人造设备来得精巧，因此你感觉不到而已。更严重的是，他们的大脑电池一直在消耗，却从不被维护，因此大脑电池容量越来越低……如此恶性循环。

放松是大脑最需要的活动。发呆、泡澡、晒太阳、散步、小酌、唱歌、跳舞、小型活动等，都是放松的好方式。关键在于专注放松，掺杂任何多任务都不是放松。对自己好一点儿，把手机静音甚至关机，收进包里绝不拿出来，这是必须的、必要的前置条件。

在确保有个好电池、大电池、高效电池之后，我们再看看你那"智能设备"究竟能更好地做什么。

当然是你已经知道的工作与学习。

首先，我的建议是以学习的方式工作。无论做什么事，无论给谁做事，都是为了学习。做事的目标和结果都是学习。以学习效果作为衡量工作质量的标准，这样做的好处是，你在不知不觉间调整了工作和学习的重要性顺序——无论如何，都是学习第一。

其次，也是我走到哪儿都宣传的一个观念，人这辈子一定要为自己做事——我自己就是这么做的。不仅仅是我认为，我也会这样教我们家的孩子。

哪怕打工，也要打心眼里把那工作当自己的事做。很多人会以为这样做很傻，可实际上，从脑科学的视角望过去，这样做不仅不傻，反而极为划算。因为打工的时候把工作当自己的事做，相当于在生活中剔除了一个最耗能的多任务——在两个任务之间反复切换。

刚开始也许要打一阵子工，但只要有机会，就要想尽办法，彻头彻尾地为自己做事——在个体独立工作的机会极大丰富的今天，不认真考虑这一选项，实在过于可惜。

我运气好，这辈子都是在给自己打工，一向如此。为自己做事、给自己打工的自由职业者，最大的特权是什么呢？和很多人想的不一样，但又非常重要的答案，竟然不过是天天睡到自然醒而已。无论工作到多晚，都不影响睡眠时长和睡眠质量，第二天大脑能在电量充足的情况下工作，多好啊！不仅可以多睡觉，还可以想什么时候睡就什么时候睡！实在想不出比这更重要、更优越的事情了。

提醒一下，你自己就是个智能设备，天下最精密的智能设备——没有任何厂家生产的东西能比你更精密，并且没有任何智能设备比你更重要，不是吗？拜托，一定好好维护自己。看看原来的你吧，天天维护手机，年年更新设备，到哪儿都不肯松手……结果呢？对你来说最重要，且是天下最精密的设备，却被你整天亲手祸害，好意思吗？

16
顺序决定质量的另一例子

人只能一点儿一点儿地接触整个世界,天生如此。你刚出生的时候,连视觉都不完整,勉强能够分辨人影;听觉也不完整,除生养者的声音外一概忽略。要花上一年多的时间,你才开始爬行;再过半年到一年,你才能正常行走,活动范围一点儿一点儿增加。好不容易,你能说话了,开始跟周遭世界产生有意义的连接。你上了幼儿园,认识了更多人,有了更多的交往。你上学了,识字了,开始陆续掌握一些了解世界的系统方法。你认识的人越来越多,接触的讯息也越来越多——终于,整个世界好像在你面前全部展开,即便还有很多很多需要你去探索的。

如若无人提醒,你几乎跟所有人一样,关注的重点顺序会由:

> 自己＞家人＞朋友＞同事＞世界

不由自主地变成：

> 世界＞同事＞朋友＞家人＞自己

也就是说，关注的重点顺序从原初自然而然的"由里向外"，不由自主地变成"由外向里"。

生活中常见的"窝里横"现象，挖到最底层，其实也是这个顺序变化决定的——对外界更加重视，所以在外不敢造次；又因为在外不敢造次，所以回到家所有的压抑控制不住地爆发。

近十多年，那个突然之间多出来的永远在线的"器官"，加速并巩固了这一转变。突然之间，你接收到的信息绝大部分都来自外部（占比甚至超过99%），你几乎所有的注意力都被占用了，那么就没剩什么注意力可以放在内部——还记得吗？你注意不到的就不是你的，哪怕那东西就长在你身上。

问题在于，外部的东西你注意到了，就是你的了吗？是你的，你注意不到就不是你的；而原本就不是你的，注意到了又如何？无论你投入多少注意力，不是你的就不是你的。听着虽然拗口,但想想那些天天看美女直播的单身男性的处境,你就明白了。

人群之中占很大比例的人(虽然难以估计具体是多少),从年纪还小的时候就已经掉进了这个陷阱,他们会鄙夷地对另一些人说:"你连这都不知道?"或者"你才知道这个?"这背后是同一个思考缺陷:

> 以为"知道"就是重点,或终点。

"知道"虽不至于毫无价值,但充其量只是起点,谈不上是重点,并且肯定不是终点。知道与得到、做到之间,有着很远很远的距离,其中蕴含着远远超出他们想象的工作量。

我并不主张我们应该彻底扔掉永远在线的智能设备,我也同意那些向往无电器的原始社会人就是罔顾现实。但我觉得,我们必须看透一些事实,并且要想尽一切办法让自家的孩子也有同样程度的理解:

- 人们常常误以为"新的"就是重要的。
- 人们常常误以为"知道"就是重点,甚至是终点。
- 绝大多数人并未意识到那永远在线的智能设备

中的内容所展现的其实是虚假的世界——至少是相当不真实的世界。

你每天能看到的新闻，其实是被编辑、筛选过的——媒体就是倾向于报道更多坏事而不是好事。所以资讯越发达，人们看到的坏事越多，频率越高，以致人们普遍有个疑惑："世界末日快到了吧？"

世界真的变得越来越坏了吗？不是，整个世界一直在变得越来越好，不论你信不信，或是否感受得到。但光凭感受，你显然会认为"是"。一方面，媒体只报道坏事；另一方面，相对于从前，我们被媒体吸引的注意力越来越多，甚至逼近极限。

你每天看到的社交媒体上的内容，无论来自弱关系社交网络，还是来自强关系社交网络，基本上无法做到真实。发布者在发布一条状态的时候，就已经在筛选了——大家都只发质量超出日常生活平均的状态，你自己不也是这样？

还有一股力量在你不知道的情况下运作。社交媒体上的评论，多数情况下是经算法筛选过的，以确保用户看到的都是他们喜闻乐见的。至于原因，一方面是社交媒体平台的运营需求，另一方面是他们的盈利需求。

不仅算法在制造不真实，还有一批人，在专业地批量制造不真实——以营销为目的的"掘金者"。他们从一开始装作普通用户发表各式各样的内容，或者装作普通用户发表各式各样的评论，甚至重复发表相互冲突的评论以便两头撒网，最终目的只有一个：逮到猎物，掏空他的钱包。

想想吧，如果你竟然把你看到的那些当作真相处理，你的优先级、价值观、判断、决策以及行动，会靠谱吗？能靠谱吗？

有一个现象，可以视作一个重要事实的提示。

从 2011 年开始，智能设备上的即时通信应用扎堆推出，并迅速占领全局，人们使用电话的频率越来越低，到最后，电话卡的用处只剩获取移动数据流量以及少量电话，连电话也很少主动呼出的了。呼入电话几乎可全部归入三种情况：外卖、推销、诈骗，哪怕你的手机通信录里还躺着那么多人。这不是中国的特殊现象，韩国、日本、欧美国家，几乎全世界都一样。电信公司都还很赚钱，但它们的应用场景缩小到了就那么几个。

那么，这一现象所提示的重要事实是什么？

> **外界很少有人真正关心你——若还有人关心，他们所关心的不一定是你，更可能是你的钱包。**

作为父母，你可能有点害怕告诉孩子这样冷冰冰的残酷事实。然而，无论我们对此持什么样的态度，有什么样的情绪，事实就是事实，不会因我们的看法而改变。如果你已为人父母，那么，要如何尽量没有副作用地传递这个事实，需要你自己发挥创造力去准确完成，没有任何人可以帮你。

总之，我们要想尽一切办法，主动且刻意地把关注的重点顺序重新调整回来。从压根儿就不划算的顺序：

> 世界 > 同事 > 朋友 > 家人 > 自己

逆转为原本的样子：

> 自己 > 家人 > 朋友 > 同事 > 世界

请注意，我不是宣扬粗鄙的"人人都自私"，或者"人就应该自私"。反而在我看来，能关心别人，能关心周遭的世界，甚至不只是美德，干脆就是一种难能可贵的能力。但关键是，自身要足够强大，要持续成长，才有可能照顾好家人、朋友、同事，甚至周遭的社会或者整个世界，难道不是这样吗？

我们都一样，注意力极其有限。而且注意力这东西跟钱还不一样，零钱还有可能攒成财富，但压根儿就没有"注意力储钱罐"或者"注意力银行"，浪费了就没有了，错过了就再也找不回来。不省着点用、小心点用，你不害怕吗？

在《财富的真相》里我们讲过："我们一生中赚到的所有钱或财富，从本质上来看，全都是从自己的时间里挖出来的。"问题在于，每个人都有差不多的时间，但时间不会自动变成财富，时间要用于以正确的方式做正确的事情（参阅《把时间当作朋友》），才有可能变成财富。进而，无论是用正确的方式还是做正确的事情，从底层来看，都是需要引导自己的注意力才能启动的。再进一步，把注意力引导到什么地方，就受你的价值观所左右了—— 正如我们在这一章里看到的，我们只不过调整了一下顺序，很可能整个人生就开始彻底改变了。

17
值不值的终极判断标准

在《财富的真相》里我反复强调：

> 时间是最重要的生产资料，甚至是我们的终极生产资料。
> 我们一生中赚到的所有钱或财富，从本质上来看，全都是从自己的时间里挖出来的。

这张图值得打印成若干份，放在自己可以直接看到的地方，直至把它彻底刻在脑子里：

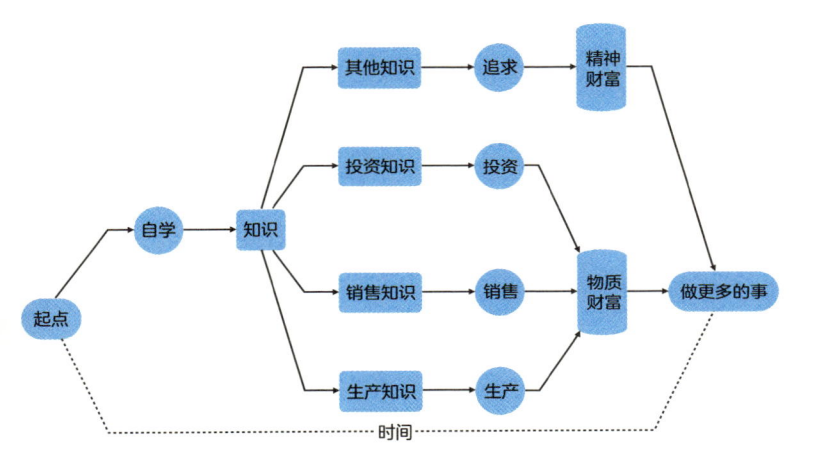

```
                          ┌─→ 其他知识 ─→ 追求 ─→ 精神财富 ─┐
                          │                                  │
                          ├─→ 投资知识 ─→ 投资 ─┐             │
起点 ─→ 自学 ─→ 知识 ─────┤                     ├─→ 物质财富 ─→ 做更多的事
                          ├─→ 销售知识 ─→ 销售 ─┤
                          │                     │
                          └─→ 生产知识 ─→ 生产 ─┘
                                    时间
```

我们每个人拥有的时间其实格外有限，在此基础上，我们实际能自由支配的时间更是少得可怜。在开源电子书《定投改变命运》(出版物书名《让时间陪你慢慢变富》)中，我做过一个罗列：

按照我国居民人均预期寿命 78 年计，

- 睡觉时间加起来大概是 28.3 年；
- 工作时间只有 10.5 年—— 这是大多数人可出售的全部时间；
- 花在各种各样社交媒体上的时间有 9 年；
- 花在家务上的时间有 6 年；

- 花在吃喝上的时间有 4 年；
- 花在真正接受教育上的时间只有 3.5 年；
- 花在梳妆打扮上的时间有 3 年；
- 花在购物上的时间有 2.5 年；
- 花在照顾小孩方面的时间有 1.5 年；
- 花在路上的时间有 1.3 年。

算下来，供你自由支配的时间只剩下 9 年。仅仅 9 年！

一年 365 天，9 年不过 3285 天而已。当然，这么算多少有点苛刻，人们一般会这么说："你这一生也就 30000 天左右。"听起来可阔绰多了。

我们别太苛刻了，所以不用 1/3285，也别假装那么阔绰，所以别用 1/30000—— 我们折中一下，用 1/10000 吧，即万分之一，不算过分吧？

如果是这样的话，我们就要问问自己了：

> 今天我要做的这个事情，真值我人生的万分之一吗？

做什么事情都要耗费我们极为有限的时间，在此基础上，我们还要主动调用那更有限的注意力，想办法不浪费注意力，还要想办法保护注意力不被夺走，然后克服这样那样的困难，应对这样那样的意外……没想过也就罢了，想想就知道，做事的成本可不仅仅是金钱成本，还有时间成本，还有更紧张的注意力成本——意识到这些，你还敢大手大脚吗？

反正我是再也不敢了。自从清楚地意识到这一点，再加上反复地复述——私下讲给自己听、讲给家人听、台上讲课给学生听、台下写书给读者看，还要反复修订……我的复述方式就是这么全面和彻底，并且重复次数超级多。

不仅是选择手中要做的事情可以用这个标准——其实这不过是极其简单直接粗暴的判断题而已——选择交往的人时，这个标准也同样适用且有效。与人交往更需要时间、体力、脑力，甚至金钱，要在轻松的时候一起共度时光，要在艰难的时候相互扶持。问题是：此人值吗？

从某个特定的角度去总结，人生大事真不过是"识人断事"而已。做事要有判断标准，与人交往也要有判断标准，标准应该严格，却也如此简单，最后落实就是两个字——值吗？

注意力比钱更宝贵（注意力＞时间＞金钱）。但钱更灵活，因为它也可以用来赚钱（参阅电子书《定投改变命运》），钱甚至可以是万物的存储（参阅《财富的真相》），那么，有没有什么办法用注意力赚取注意力呢？

第一个直接的方法是重视金钱，尤其是年轻的时候。这一点，我之前的书里有过很多讨论，并且已经足够详细和深入。值得反复复述的是："财富的唯一合理、有效来源就是生产。"所以，注意力的最佳去处是生产，以及为了不断提高生产力的自学——注意是主动的自学，而非被动的学习。

第二个重点是，不仅要学会有效合理地赚钱，更要学会有效合理地花钱。花钱请人帮自己按照自己的要求做家务，花钱雇人帮自己按照自己的标准分担一些带孩子的工作，花钱请教练监督自己规律运动，都是节省注意力甚至全部脑力的关键。学习上不能省钱，以便提高自己的能力；工具上更要舍得花钱，以便提高自己的效率；吃的没必要省钱；睡的环境更不应该省钱。至于社交，如果你是个生产者，说实话真花不了什么钱，因为与你交往的生产者更在意的是你的产品或者服务；而如果你不是生产者，那所需的花费就无法估量了。

更深入的境界是，把持续建设自己的大脑当作此生唯一重要的任务。这是我们作为人——不管出身如何，不管是普通还是杰出，都一样——此生最应该专注的重点。

千万不要以为"注意时长长达几个小时"就是专注的尽头。认真做某件事做了一辈子，才是真正有意义的专注——这种专注更强，也更难。难度来自两个层面。

首先，找到值得自己专注一生的事情很难。当然，很多人至死都没找到的原因，只不过是从一开始就没想过应该找，也就没琢磨过怎么找，于是也就稀里糊涂地把时间虚度了。如果你觉得自己实在找不到，请认真阅读《财富的真相》，它会给你一个虽笼统但也非常确定的方向，两个字——生产。

更大的难点在于，专注终身面临一个问题：风险藏在时间里。一生虽然短暂，但一路走过来，却时时刻刻感觉漫长。在那么长的时间里，不是一天两天，不是一年两年，是十年二十年，甚至几十年，什么都可能发生，什么意外都算不上意外，什么挫折灾难都有可能平白无故地砸在你的头上。从个体角度望过去，尤其短期看像是"偶然"的事情，把时间拉长到一定程度，本质上其实是"必然"。

很多人所谓的脆弱，根源简单到令人慨叹：

> 无非是把必然理解成了偶然、意外、不幸等，而不是自然而然的必然。

在我很小的时候，有一次我正在翻书，父亲笑嘻嘻地说："你现在从书里看到的一切，将来都会遇到，尤其那些坏事，一件都不可能落下的。"人都一样，过了三十岁，天真这个东西就会自然而然地不复存在，因为世界总会在每个人面前不经意地露出它狰狞的一面，欺骗、背叛、坑害、战争、瘟疫、动荡、危机，甚至浩劫。在我自己的生活中，有一个算一个，都出现过，并且每隔一段时间就反复出现。

这才是真正的挑战。灾难和危机发生了，你还要、还会、还能专注做自己原本决定做一辈子的事吗？有点成绩就忘乎所以，受点挫折就自暴自弃——这是大多数人的日常写照，更何况天灾人祸？

《专注的真相》这本书本身，刚好是在我遭遇一场灾难的过程中写的。具体灾难是什么不重要，只知道它的程度非常惨烈即可（我的社群成员都有所耳闻，甚至有一部分人与我有着共同经历)。

然而,它会反过来激活我的另外一个状态:想尽一切办法集中注意力,不让自己被灾难(或任何坏事)改变。

我经历过不止一次,所以越来越娴熟。我要做到的是,我原来是什么样子,就要尽量还是什么样子;我原来怎么想,就要尽量还那么想;我原来做什么,就要尽量继续做什么;我原来怎么做,就要尽量还那么做。不仅如此,为了让自己不被灾难改变,我们不得不动用更大的脑力,至于人们把它称作注意力也好,意志力也罢,坚强也好,倔强也罢,对我来说不重要。我要的只是自己在不变的情况下继续下去。

"这才哪儿到哪儿啊?路还长着呢!"但凡停下来的时候,我都不会忘了这么向自己复述一遍。事实上,没有人能帮你,没有人监督你,没有人能给你什么真正有效的建议,甚至弄不好,别人也一样"泥菩萨过河自身难保"呢,哪有空注意你?注意到了又怎样?除了你自己,没有人能使上劲——因为实际上一切都只发生在你自己的大脑皮层上啊。

有趣的是,每次这类事情发生,最后都因为"我自己主动调用注意力,并且刻意集中",所以成了我脑力大增的机会。有机会把坏事变成好事，难道不应该被称作不幸中的万万大幸吗？我觉得应该，并且每每因此觉得庆幸。

值得做的事情，就值得做很久，甚至一辈子。某件事做得足够久之后，长期持续真正的专注，不仅会自然而然地提升脑力的各个方面——注意力、注意时长、意志力、自控能力等——更为关键的是，你会越来越有余力注意到很多自己之前压根儿就来不及、没能力注意到的细节，你的注意时长和深度也会不断延展，到最后，你就会像我一样反复体会到天分、智商、聪明、机会什么的，在长期持续真正的专注面前什么都不是。

总结

让我们先回顾一下。

这个世界的资讯越来越发达。资讯越发达，注意力越稀缺，到最后，注意力成了最具价值的资源。注意时长极长，甚至能够长期持续专注的人，无论做什么都从根基上具备更强的竞争力——专注力，甚至可以被称为脑力，是智力的前置条件或者底层支撑。

如今，每个人都长着至少一个永远在线的"器官"，每个人的多巴胺能系统也多多少少地被劫持，不仅是成年人，青少年甚至婴幼儿的处境更为惨烈。

然而，不是没有出路。

不仅有方法，还有很多方法。

我们要理解脑力的核心属性——排他性资源。用它来做这个就不能用它去做那个。我们应该想尽一切办法，用好的挤掉坏的，而不是成天苦恼"如何戒掉坏习惯"。又由于我们都很现实,且足够理性,知道选择意味着放弃,所以我们选择了"不妨忍受一些坏的"。

请务必重视文字(无论是自然语言还是人工语言),否则会沦为僵尸——这不是比喻或者类比。父母们要格外注意,绝对不能让孩子的大脑皮层变成"烂尾楼"。

我们可以像培养、锻炼、维护自己的体力一样培养我们的脑力。到最后,个体之间的脑力差异要比体力差异大得多,可能达到若干量级的差异。

培养、锻炼、维护脑力的活动有很多。冥想不是不行,但有更多、更有效、更普适且更容易有收获的方式,比如朗读、弹唱,甚至创作。

我们要优先维护大脑电池,好好给它充电(睡眠),想办法给它扩容(运动),时不时对它进行优化(放松)。时代早就变了,学习成本降低了,学习难度也降低了,辅助工具越来越多,将来,体力可能比脑力更重要。两者虽然相辅相成,但体力是基础。

我们甚至可以把那些多巴胺劫匪最常用的工具拿过来为己所用。例如,利用恐惧让自己清醒,或者主动给自己洗脑(通过复述)。反正大家都不是超人,但冷静下来想想,做个过人之人好像并不是很难。那种想要做个完人的念头,该放弃就放弃吧。反正我早就放弃了,一路都是背着这样那样的缺点,甚至是缺陷走过来的。

基本的回顾好像应该结束了。可是,以上并不是重点。我们的讨论与外界最不一样的地方,需要我在这里重新表述:

> 价值观是脑力的灵魂——甚至应该是生命的灵魂。

它也是最大最核心的关键。"价值观"这个大词,事实上很简单:

> 所谓价值观,不过是一个人不断地问自己"什么更重要"得出的结论。问得多了,积累久了,就没办法不知道,也没办法不笃定"什么最重要"。

从来没有问过自己"什么更重要",或者问过却没仔细想过,就是价值观缺失。问了,还长期反复问,直至对"什么最重要"非常笃定,就是价值观坚定。除此之外，都是价值观脆弱。到最后，诱惑的根源在内部（而不仅仅是外部），是价值观的缺失和脆弱，在制造或者招致诱惑。

价值观就这么简单，却又是如此至关重要和不可或缺。对它的思考，对它的锤炼，同样非常简单，简单到难以想象——最主要的工作，不过是排序而已。

> "学习"应该排在"工作"前面。
> "睡眠、运动、放松"甚至应该放在"学习"前面。
> "世界＞同事＞朋友＞家人＞自己"这个顺序不对，得反过来。

当然，最要命的不是不知道该怎么排序，而是压根儿就没想到，或者不知道那些应该放进来排序的东西。

我们已经复述好几次了（当然是必要的），与专注相关的词就那么几个：

- 兴趣（interests）
- 注意（attention）

- 意图（intention）
- 专注（focus）

无论什么，你若不感兴趣，就注意不到，也就压根儿不可能有意图。你开始有意图了，却基于这样那样的原因并没有持续下去，那么，你事实上就没有做到专注——我们所了解的真正有意义的专注是长期持续地专注，而肯定不是一两个小时或者一两天那么简单。

于是，我们终将得要决定"我们应该感兴趣的到底是什么"。若是只有一件，倒也好办。若是多个呢？就得按照重要性排序，即"哪个更重要"，以及"依据是什么"。思考其实就这么简单，若是知道了哪个更重要，又何必选次要的？若是知道了哪个最重要，又怎么可能视而不见？

最要命的来了——在此之前，也许你从来没有想过价值观与专注有什么关联，所以你不知道也压根儿就没想过应该把价值观考虑进来。这事，说实话真的不能怪你，市面上好像也没有什么专家、书籍、课程会把价值观考虑进来。

可一旦我们意识到了，或者被提醒过了，再把价值观放进来一看——不需要什么智商,不需要什么技巧,你马上就可以看到它无与伦比的决定性,以及绝对的不可或缺性。

读过《专注的真相》后,你就多了一个判断做什么事到底值不值得的终极标准——在此之前,你或许早就知道那么个标准,只是并没有真当回事,看过就看过了,听过就听过了,没把它放到重要性排序之中,所以你依旧是原来的你。这次不要再重蹈覆辙了,把它放进你的大脑,放到判断的最高优先级——在它面前,永远在线算什么?

最后,关于人们高度重视甚至有点神化的自律,值得多说几句。我肯定不否认自律的作用和重要性,更不否认一个正常人应该自律。然而,即便是自律,不也一样要以笃定的价值观作为支撑吗?价值观坚定,自律就自然而然且毫不费力;价值观脆弱,自律就要耗费无穷无尽的脑力;最可怕的是,若价值观缺失,那就惨了——脑力也费了,时间也花了,却什么都得不到,成为彻头彻尾名副其实的"苦行僧",这样真的好吗?

希望以上的所有讨论,对你的生活、工作、学习——当然更重要的是睡眠、运动、放松——有所帮助。最后，重复一句你可能要花一些时间才能在书里重新找到的话：

> 深入，靠的其实并不是聪明，而是时间和积累。

祝大家好运！

（全书完）

李笑来

投资人,畅销书作家。
2011年进入投资领域。
2019年组建"富足人生社群",
关注个人成长、财富积累、家庭建设。

出版作品:

《财富的真相》
《思考的真相》
《微信互联网平民创业》
《让时间陪你慢慢变富》
《自学是门手艺》
《韭菜的自我修养》
《财富自由之路》
《把时间当作朋友》
《TOEFL iBT高分作文》
《TOEFL 核心词汇21天突破》

请您关注微信服务号"笑来",
了解更多书籍、课程以及社群。

专注的真相

作者 _ 李笑来

编辑 _ 张睿汐　　装帧设计 _ 肖雯　　主管 _ 王光裕
技术编辑 _ 顾逸飞　　责任印制 _ 杨景依　　出品人 _ 贺彦军

果麦
www.goldmye.com

以 微 小 的 力 量 推 动 文 明

图书在版编目（CIP）数据

专注的真相 / 李笑来著. — 广州：广东经济出版社，2024.11（2025.6重印）. --ISBN 978-7-5454-9347-4

Ⅰ．B842．3-49

中国国家版本馆CIP数据核字第2024QL0222号

责任编辑：刘亚平　　吴泽莹
责任校对：官振平
责任技编：陆俊帆　　顾逸飞

专注的真相
ZHUANZHU DE ZHENXIANG

出　版　人：	刘卫平
出版发行：	广东经济出版社（广州市环市东路水荫路11号11～12楼）
印　　　刷：	天津丰富彩艺印刷有限公司
	（天津市宝坻区新开口镇大新公路北侧427号）
开　　　本：	880毫米×1230毫米　1/32
印　　　张：	4.25
版　　　次：	2024年11月第1版
印　　　次：	2025年6月第3次
书　　　号：	ISBN 978-7-5454-9347-4
字　　　数：	70千字
定　　　价：	58.00 元

发行电话：（020）87393830　　　　编辑邮箱：gdjjcbstg@163.com
广东经济出版社常年法律顾问：胡志海律师　　法务电话：（020）37603025
如发现印装质量问题，请与本社联系，本社负责调换。

版权所有　·　侵权必究